新型固态pH传感器的研究

董 燕◎著

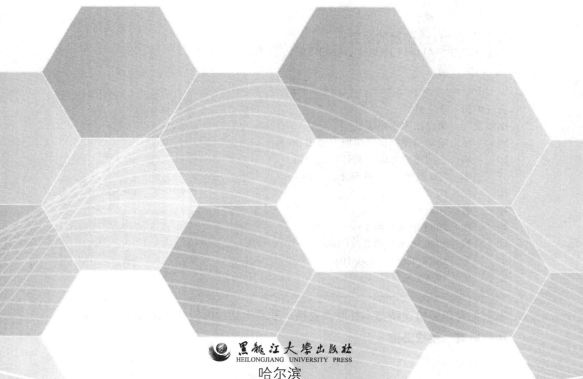

黑龙江大学出版社
HEILONGJIANG UNIVERSITY PRESS

哈尔滨

图书在版编目（CIP）数据

新型固态 pH 传感器的研究 / 董燕著 . -- 哈尔滨：
黑龙江大学出版社，2023.8(2025.4 重印）
ISBN 978-7-5686-1024-7

Ⅰ．①新… Ⅱ．①董… Ⅲ．①化学传感器－研究
Ⅳ．① TP212.2

中国国家版本馆 CIP 数据核字（2023）第 180220 号

新型固态 pH 传感器的研究
XINXING GUTAI pH CHUAN'GANQI DE YANJIU
董　燕　著

责任编辑　李　卉
出版发行　黑龙江大学出版社
地　　址　哈尔滨市南岗区学府三道街 36 号
印　　刷　三河市金兆印刷装订有限公司
开　　本　720 毫米 ×1000 毫米　1/16
印　　张　10
字　　数　169 千
版　　次　2023 年 8 月第 1 版
印　　次　2025 年 4 月第 2 次印刷
书　　号　ISBN 978-7-5686-1024-7
定　　价　49.80 元

前　言

　　pH 传感器在水质监测、废水处理、水产养殖、海水淡化脱盐等领域具有重要的应用价值。随着我国基础设施项目的增加，许多水资源再利用和废水再处理政策使得国内市场对 pH 传感器和相关分析仪的需求增加。因此研究新型材料的 pH 传感器具有广阔的社会效益与经济效益。

　　GaN 基异质结构高电子迁移率晶体管（HEMT）器件是基于ⅢA 族氮化物半导体材料发展起来的第三代半导体器件。由于ⅢA 族氮化物具有禁带宽度大、电子迁移率高、化学稳定性好、在异质结构界面处具有较高的二维电子气（2DEG）浓度等优势，在高温、高频、高压电子器件以及传感器等领域具有广泛的应用空间。然而 GaN 基异质结构 HEMT 器件在高温等极端环境中工作时性能退化仍是目前亟待解决的关键问题；GaN 基异质结构 HEMT 器件在生物、环境等涉及 pH 值探测的应用亦有待开发。据此，本书针对 AlInN/GaN 异质结构 HEMT 器件性能的热退化问题，提出添加背势垒层和自支撑 GaN 衬底的解决思路，并通过数值模拟的方法进行了验证优化。同时通过模拟和实验研究了 AlGaN/GaN 和 AlInN/GaN 异质结构 HEMT 器件的 pH 传感器性能，并对感测区尺寸进行了优化，证明 GaN 基异质结构 HEMT 器件具有优异的 pH 值探测性能。

　　在缓冲层 GaN 与沟道层 GaN 之间插入 InGaN 层，可以形成独特的 AlInN/GaN/InGaN/GaN 结构。模拟计算结果表明，InGaN 所形成的背势垒可提高主沟道中 2DEG 的电子局域性，有效抑制沟道中的电子溢出。当工作温度为 300 K 时，InGaN 背势垒添加层器件的饱和漏极电流比未添加层器件饱和漏极电流提升 41%，跨导提高 35.5%；当工作温度为 400 K 时，InGaN 背势垒的添加使器件饱和漏极电流提升 213%，跨导提高 285.1%。

实验结果表明,由于避免了衬底与缓冲层的热失配、晶格失配缺陷以及GaN 材料的导热性,自支撑 GaN 衬底可以有效抑制自热效应引起的性能退化,提高器件在直流和交流方面的稳定性。另外不同散热衬底对器件的瞬态响应也有一定的改善,例如,从关态到开态不同器件的响应时间 GaN 自支撑衬底为 0.84 μs,AlN 倒装衬底为 2.63 μs,蓝宝石衬底为 4.10 μs。在相同外部条件下,三种器件在晶格温度最高处的电子迁移率 GaN 自支撑衬底为 300 cm² · V⁻¹ · s⁻¹,416 K;AlN 倒装衬底为 260 cm² · V⁻¹ · s⁻¹,447 K;蓝宝石衬底为 120 cm² · V⁻¹ · s⁻¹,500 K。

本书还探索了 GaN 基异质结构 HEMT 器件在不同 pH 值溶液中的探测性能。通过计算 2DEG 浓度与势垒层 AlInN 厚度实现了具有超薄势垒层的增强型AlInN/GaN 异质结构 HEMT 器件的设计。基于此进一步模拟优化了器件感测区结构和尺寸,研究了 AlGaN/GaN 和 AlInN/GaN 两种异质结构 HEMT 器件对不同 pH 值溶液的响应及稳定性。实验结果表明,当感测区长度固定时,器件漏极输出电流随感测区宽度增加而增大,但不同 pH 值的电流变化量存在最优值,AlGaN/GaN 和 AlInN/GaN 两种器件都表现出同样的趋势。当感测区宽度与长度比值为 7.5 时,两种器件在不同 pH 值溶液中均表现出较大的电流变化量,即较高的灵敏度。在长时间工作后,两种器件都表现出较好的稳定性。相较于AlGaN/GaN 异质结构 HEMT 器件而言,AlInN/GaN 异质结构 HEMT 器件具有更大的漏极输出电流、更高的灵敏度(AlInN/GaN 为 -30.83 μA/pH,AlGaN/GaN为 -4.6 μA/pH)以及更快的响应速度。

本书进一步提出了一种多感测区 GaN 基无栅极 HEMT 传感器,并研究了其pH 值探测性能。实验结果表明,当感测区的宽度增加时,传统单感测区器件的漏极输出电流增大,对不同 pH 值感测的电流变化量也随之增大,但器件背景噪声也相应增加。多感测区器件在增大感测区总宽度的同时避免了器件背景噪声的大幅增加,因而可获得更大的漏极输出电流和更高的灵敏度。以AlGaN/GaN 异质结构器件为例,在不加参考电极情况下,单感测区器件的灵敏度分别为 -7.08 μA/pH~21.89 μA/pH,具有四个感测区的多感测区器件的灵敏度高达 -1.35 mA/pH。对三种器件长时间工作稳定性的实验评估表明,长时间负载工作后器件性能轻微退化,但均可在短时间内快速恢复。器件长期放置后,性能无明显退化,具有很好的稳定性。

最后本书基于第三代氮化物异质结构材料的优势，在无栅极 AlGaN/GaN 异质结构 HEMT pH 传感器制备的基础上，对其结构进行了优化和改进。与此同时探索了新型氧化物异质结构的 pH 传感的应用。主要分两个部分进行介绍。

第一部分在无栅极 AlGaN/GaN 异质结构 HEMT pH 传感器的研究基础上，提出了带有参考结构的优化设计。对几种 pH 传感器进行比较之后，根据感测表面的材料，最终采用 Site-binding 模型对传感器进行分析。测试结果表明，经过优化设计提出的带有参考结构的新型传感器表现出更大的漏极输出电流、更高的灵敏度和更好的稳定性。同时采用双电层模型和等效电路分析了带有参考结构的传感器感测过程和对性能的改善。

第二部分首先对钙钛矿氧化物异质结材料特性、界面导电性来源等进行了介绍。然后采用化学腐蚀及高温退火工艺处理衬底表面，使其形成具有原子尺寸的光滑台阶结构，以适用于外延生长高质量的氧化物薄膜。在此基础上制备了具有不同 $LaAlO_3$ 厚度的 $LaAlO_3/SrTiO_3$ 异质结构。最后采用 5 个原子层厚度和 7 个原子层厚度的 $LaAlO_3/SrTiO_3$ 异质结构制备了传统无栅极 pH 传感器，并表征了界面沟道的导电性。在器件制备过程中，应用了两种工艺，分别为打线工艺和微加工工艺。通过器件性能测试发现，采用打线工艺制备的器件在同样的感测层厚度条件下表现出较大的漏极输出电流和较高的灵敏度，而采用微加工工艺制备的器件在相同条件下的漏极输出电流和灵敏度要比打线工艺低一个数量级。AFM 测试表明，微加工工艺的工艺步骤会给感测表面带来损伤，从而使器件的输出特性和感测特性下降。

由于笔者水平有限，书中不当之处在所难免，欢迎读者提出宝贵意见。

目　录

第1章 绪论

1.1 引言

在我们所处的信息时代,半导体技术无疑是支撑这个时代发展的重要基石之一。1874 年,Braun 第一次发现金属半导体接触时具有电流传导对称性;1907 年,Pierce 发现了二极管的整流特性;1947 年,贝尔实验室制作了第一个硅基晶体管;1957 年,单晶材料和多晶材料得到了使用,锗晶体管和硅晶体管分别于 1957 年和 1958 年进入商业化生产。硅和锗被称为第一代半导体材料,由于在单晶生长尺寸和成本方面具有优势,硅基半导体材料在半导体器件和集成电路行业占据主导地位。以第一代半导体材料为基础的硅基器件很好地遵循着摩尔定律,并在集成电路产业中取得了巨大成就,但随着材料生长工艺和集成电路制备技术的发展,高密度大功率的集成电路成为大趋势,硅基平面器件在 22 nm 节点下遇到瓶颈,另外为了保证关态漏电流足够小,电源电压一般被限制在 1 V 左右,这限制了硅基平面器件的进一步应用。在此背景下,以砷化镓(GaAs)、磷化铟(InP)为代表的第二代半导体材料被广泛研究,与第一代半导体材料相比,电子迁移率和电子饱和速率更高,可制备具有更高功率和更快速度的晶体管。以 InGaAs 为例,其电子迁移率高达 10^4 $cm^2 \cdot V^{-1} \cdot s^{-1}$,电子浓度是同等硅的 10~100 倍。Radosavljevic 等人运用 $In_{0.7}Ga_{0.3}As$ 沟道层和高介电常数氧化层,在硅衬底上制备的场效应晶体管可用于低功耗的逻辑运算,其性能超过了用于低功耗工作的最先进的硅器件。

随着材料外延技术的进步,以 GaN 和 SiC 为代表的第三代半导体材料进入研究人员的视野。与 GaAs 材料体系不同,GaN 体系材料具有较大的禁带宽度,组合其他组分如 In、Al 等可实现禁带宽度从 0.7 eV 到 6.2 eV 连续可调。第三代半导体材料具有更高的电子饱和速率和化学稳定性以及耐腐蚀、耐辐照等优点,使它们在功率器件、微波器件、频率器件、传感器等方面具有更多优势。表 1-1 给出了三代半导体材料中几个具有代表性的半导体材料的基本物理参数。

表 1-1　三代半导体材料的基本物理参数

基本物理参数	Si	GaAs	4H-SiC	GaN
禁带宽度/eV	1.11	1.43	3.2	3.4
相对介电常数	11.4	13.1	9.7	9.8
击穿电场/$(V \cdot cm^{-1})$	6×10^3	6.5×10^3	3.5×10^6	5×10^6
电子饱和速率/$(cm \cdot s^{-1})$	1×10^7	2×10^7	2×10^7	2.5×10^7
电子迁移率/$(cm^2 \cdot V^{-1} \cdot s^{-1})$	1500	6000	800	1600
热导率/$(W \cdot cm^{-1} \cdot K^{-1})$	1.5	0.5	4.9	1.3
工作温度/℃	175	175	650	600
抗辐照能力/(rad)	$10^{4 \sim 5}$	10^6	$10^{9 \sim 10}$	10^{10}
约翰逊质量因子	1	11	410	790
巴利加优值	1	16	34	100

1.2　半导体材料 HEMT 器件的研究现状

1.2.1　GaAs 材料 HEMT 器件

1968 年,贝尔实验室制备出第一支 GaAs/GaAlAs 异质结构激光器。随着材料生长技术水平的进步,到了 20 世纪 70 年代末 80 年代初,高电子迁移率晶体管,即 HEMT 器件被提出并发展起来。图 1-1 为 GaAs 单晶胞结构和不同晶面的晶体结构。1978 年,贝尔实验室用分子束外延(MBE)技术生长出调制掺杂的 $GaAs/Al_xGa_{1-x}As$ 超晶格,并观察到具有高电子迁移率的二维电子。随后研究人员将这种具有高电子迁移率的异质超晶格结构应用在场效应晶体管上，相对于第一代半导体材料而言，GaAs 是直接带隙材料，具有更高的电子迁移率；另外，GaAs 相关器件和电路具有损耗低、频带宽、速度快、附加效率高等特点，所以在微波、光电、温度传感等领域得到广泛应用。

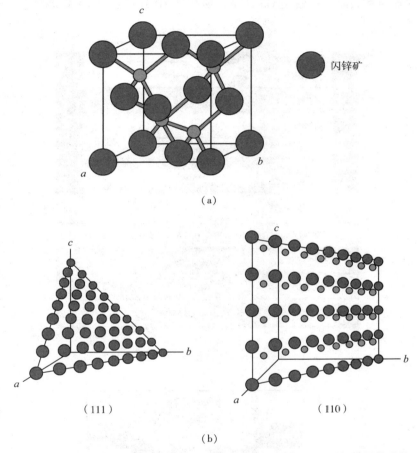

（a）

（111）　　　　　　（110）

（b）

图 1-1　（a）GaAs 单晶胞的晶体结构；（b）GaAs（111）和（110）晶面的晶体结构

　　图 1-2 为 AlGaAs/GaAs 双异质结构 pHEMT 器件结构图及实物平面图。GaAs 异质结构 pHEMT 器件由两种不同禁带宽度的材料构成，在异质结构界面处形成 2DEG 沟道的场效应晶体管，如图 1-2 （a）所示。GaAs 异质结构 pHEMT 器件由 n-AlGaAs 和 GaAs 形成晶格匹配的异质结构，AlGaAs 的禁带宽度大于 GaAs，在界面处会导致能带断续，在 GaAs 一侧形成三角势阱。重掺杂的 n-

AlGaAs 中的电子转移到非掺杂的 GaAs 层中,垂直方向上的电子被限制在三角势阱中,在平行方向上,电子的运动是自由的,这是 2DEG 的由来。图 1-2(a)为双异质结构,在图中可以看到在 AlGaAs/InGaAs/AlGaAs 有两处形成了 2DEG。栅极金属可以通过势垒层调节势阱深度来改变 2DEG 的浓度,从而控制器件的开启和关闭。这就是 GaAs 基异质结构 HEMT 器件的工作原理。

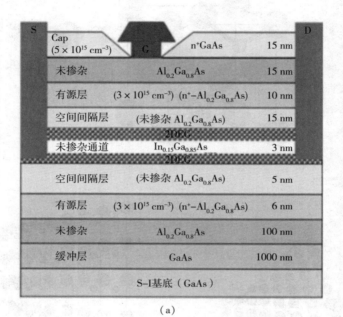

（a）

（b）

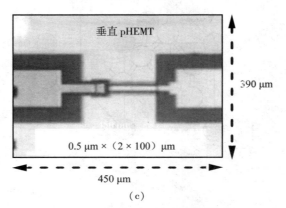

图 1-2 AlGaAs/GaAs 双异质结构 pHEMT 器件

(a)结构图；(b)、(c)实物图

1.2.2 ⅢA 族氮化物 HEMT 器件

GaAs 禁带宽度窄、电导率低等缺点使其相关器件在向更大功率、更高频率发展时遇到困难。为了满足更高的应用要求，1992 年，Khan 等人首次制备出 AlGaN/GaN 异质结构，这种异质结构成为 GaN 基高电子迁移率晶体管发展的开端。与第二代半导体材料 GaAs 不同，以 GaN 为代表的ⅢA 族氮化物因具有较大的禁带宽度，与 SiC 一起被称为第三代半导体材料。

ⅢA 族氮化物半导体材料包括 GaN、AlN、InN 以及三元、四元合金，如 InGaN、AlGaN、InAlN 等，它们通常具有闪锌矿和纤锌矿两种晶体结构，如图 1-3 所示。由于两种晶体结构的原子层堆积次序不同，闪锌矿结构不够稳定，并且没有自发极化。纤锌矿结构相对于闪锌矿结构是比较稳定的，在晶体内部具有自发极化。所以目前采用纤锌矿结构的ⅢA 族氮化物半导体材料应用研究比较多。

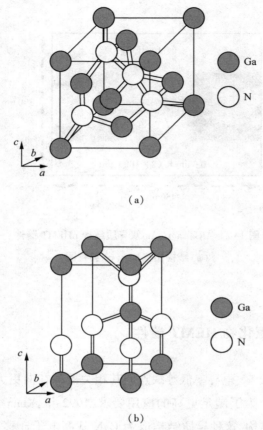

（a）

（b）

图 1-3　（a）GaN 闪锌矿结构；（b）GaN 纤锌矿结构

　　具有闪锌矿和纤锌矿两种晶体结构的 AlN、GaN、InN 半导体材料的能带结构如图 1-4 所示。在纤锌矿结构能带图中，轻重空穴的分裂及自旋与轨道的耦合使得三种ⅢA 族氮化物材料的价带顶都劈裂为三个子带。AlN、GaN、InN 的晶格常数、禁带宽度等基本物理参数如表 1-2 所示。用维加德（Vegard）定律进行计算，可以得到任意ⅢA 族氮化物二元或三元合金的晶格常数和禁带宽度。

　　由表 1-1 可知，GaN 的电子饱和速率高达 2.5×10^7 cm·s^{-1}，是 Si 的 2.5 倍，因此 GaN 基器件在高频和微波领域具有广阔的应用前景。GaN 的临界击穿电场也高达 5×10^6 V·W^{-1}，这比 Si 和 GaAs 高了一个数量级，使 GaN 也非常适合制备高功率器件。与第一代和第二代半导体材料相比，第三代半导体材料代表 GaN 因为在纤锌矿结构中具有极化效应,所以拥有 10^{13} cm^{-2} 量级的二维电子密度和最高可达到 2300 cm^2 · V^{-1} · s^{-1} 的电子迁移率。因此 GaN 基 HEMT 器件可以输出高达 4.0 A · mm^{-1} 的电流密度和很高的功率密度。

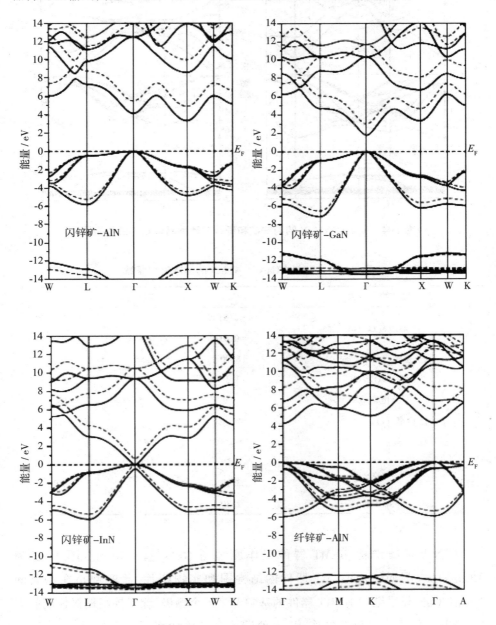

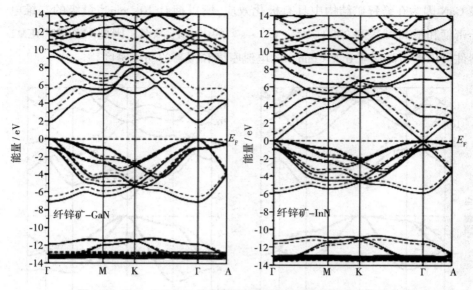

图 1-4　AlN、GaN、InN 的闪锌矿和纤锌矿两种晶体结构的能带图

表 1-2　300 K 时 GaN、AlN、InN 的基本物理参数

基本物理参数	GaN	AlN	InN
晶格常数/nm	$a = 0.3189$	$a = 0.3112$	$a = 0.3533$
	$c = 0.5186$	$c = 0.4982$	$c = 0.5693$
原子密度/($10^{22} \cdot cm^{-3}$)	8.90	9.58	6.40
禁带宽度/eV	3.39	6.20	0.70
介电常数	8.9	8.5	15.3
电子迁移率/($cm^2 \cdot V^{-2} \cdot s^{-1}$)	≤1000	300	≤3200
空穴迁移率/($cm^2 \cdot V^{-2} \cdot s^{-1}$)	≤200	4	—
热膨胀系数/10^{-6}	5.59	4.20	3.80
	3.17	5.30	2.90
折射率	2.30	2.15	2.90

　　GaN 基异质结构 HEMT 器件工作原理与 GaAs 基本相同。图 1-5 为 AlGaN/GaN 异质结构 HEMT 器件的结构图和实物图片,此器件是在经典的 AlGaN/GaN 异质结构 HEMT 器件的基础上多了个栅极,除了提高栅极控制能力外,还起到优化电场分布的作用,这种设计在高压功率器件中显得尤为重要。

与 AlGaAs/GaAs 异质结构的 HEMT 器件相比, AlGaN/GaN 异质结构不需要重掺杂的势垒层就可以得到高达 10^{13} cm^{-2} 量级的 2DEG 密度, 这个优势降低了工艺难度(不用掺杂), 减少了制备成本并提高了成品率, 另外一个显著的优点是 GaN 体系材料无毒, 这在环境保护和制备生物兼容性器件方面更具竞争力。

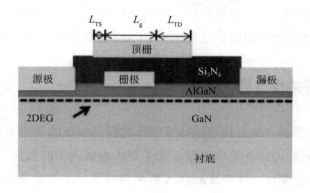

(a)

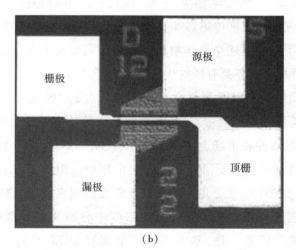

(b)

图 1-5　具有双栅极的 AlGaN/GaN 异质结构 HEMT 器件

(a)结构图;(b)实物图片

与 GaN 材料在发光二极管和光探测领域的市场化应用相比, GaN 基异质结构 HEMT 器件的市场化应用还有很长的路要走。虽然ⅢA 族氮化物半导体材料的优异特性使 GaN 基异质结构 HEMT 器件具有耐高压、耐高温、耐腐蚀等优异特性, 并且在高性能功率器件、微波和毫米波器件、高性能低功耗传感器件等单片集成电路方面具有广阔的应用前景,但不同材料间晶格常数不同造成的晶格失配、生长温度不同造成的热失配以及两种失配所带来的生长缺陷都会对器件的性能和稳定性有一定的影响,这些不稳定因素在高温高压或高频下对器件的影响都需要深入分析和优化。在市场应用的驱动下,GaN 基异质结构 HEMT 器件在功率器件和微波、毫米波器件中广泛应用,随着材料外延和器件制备工艺的发展,GaN 基器件预期会与 Si、Ge 和 GaAs 材料体系分享半导体产业市场。

1.2.3　半导体传感器

半导体传感器一般是利用某些半导体材料电特性的变化来实现被测量物理量的直接转换,例如外界物理量改变半导体内载流子的数目,从而使半导体材料的电阻发生变化。硅和ⅢA–ⅤA族半导体都可用于制备传感器器件。半导体材料制备的传感器具有体积小、便于集成、智能化等优点,可应用于自动化、物联网、污染监测、医疗生物等领域。根据被测量的物理量不同可分为光敏、磁敏、压敏、气敏和温度传感器等。GaN 体系半导体材料也可应用于多种传感器的制备,除了继承上述半导体材料制备传感器所具有的优点外,根据材料本身的特性还可用于制备具有特殊优势的传感器。

GaN 基异质结构 HEMT 器件自身材料极化(自发极化和压电极化)产生高浓度的 2DEG 和较大的禁带宽度,在高频高压等功率器件上具有很大优势,加上 GaN 基光电器件在市场上应用的成功,使功率器件和光电器件成为 GaN 体系半导体器件的两个主要研究方向和应用领域。但值得注意的是,在 GaN 基异质结构中,2DEG 浓度受几种内在或者外在的因素影响,这表明 GaN 基异质结构 HEMT 器件可以通过调节 2DEG 浓度来感测某些外部因素。一些科研机构做了相关的研究工作,基本的原理是调节 2DEG 浓度,根据所调节的 2DEG 浓度的外部因素可以把 GaN 基异质结构 HEMT 器件分为三类,如图 1-6 所示。

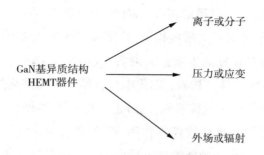

GaN基异质结构
HEMT器件

→ 离子或分子

→ 压力或应变

→ 外场或辐射

图 1-6　GaN 基异质结构 HEMT 器件分类

第三代半导体生物传感器发展相对较晚。Neuberger 等人发现 AlGaN/GaN 异质结表面对不同极性液体的响应存在区别,促使大家意识到 GaN 基第三代半导体材料在生物传感器方面应用存在可能性。随后,Steinhoff 等人报道了 AlGaN/GaN 异质结构对心肌细胞具有较好的感测能力,且感测背景噪声较传统硅基器件降低一个数量级,展现了 GaN 基半导体材料用于生物探测的巨大优势和潜力。目前 GaN 基半导体传感器已在蛋白质、DNA、生物酶和生物细胞的探测方面得到应用。相关器件的感测响应速度可达到毫秒级,比传统玻璃电极电化学传感器的响应速度快 4~5 个数量级。然而值得注意的是,这些工作更多关注的是 GaN 基场效应管器件对生物大分子或细胞的识别检测,尚未着力进行 GaN 在生物细胞离子探测方面的研究。同时,基于离子溶液,已有大量工作关注 GaN 基异质结构器件在 H^+、OH^-(pH 值)和重金属(如 Hg^+)等离子检测方面的应用性能。实验证明,AlGaN/GaN 异质结构可在一定程度上探测上述离子,并表现出随离子浓度变化的响应行为。这说明 GaN 基异质结构器件可以用于 Na^+、K^+、Cl^-、Ca^{2+} 等生物细胞内重要离子的探测。Gebinoga 等人利用无栅极的 AlGaN/GaN HEMT 器件成功实现了对神经冲动过程中 Na^+ 通量的非侵入式无标记测量,用于研究神经细胞对不同乙酰胆碱抑制剂的响应行为。需要指出的是,该工作在实验中采用了神经细胞培养的方法,以提高 Na^+ 浓度,达到有效检出并测量的目的,这反映出 AlGaN/GaN HEMT 器件对 Na^+ 的探测灵敏度尚难以达到长时间在线体内监测的要求。感测灵敏度不高已然成为限制 GaN 基半导体传感器广泛用于生物细胞离子探测的关键问题。

最近,有人采用金属包覆的多孔 GaN 制备出表面增强拉曼光谱生物传感器,实现了乳腺癌细胞的高灵敏度检测,检测极限低至 8.84×10^{-10} mol·L^{-1},预示着 GaN 本身就具备很好的生物探测潜力,或可采用 GaN 制备出高灵敏度的离子传感器。从器件等效结构看,采用 GaN 直接作为离子感测表面,不仅使离子层等效于同沟道层 GaN 直接接触,同时也可将 GaN 层做得更薄,这将增强栅极离子层对 GaN 等效沟道层的控制作用,提高离子探测的灵敏度。从本质上看,离子传感器对被测离子的感测响应是离子与传感器感测表面上原子发生物理或化学作用、改变传感器电学特性、形成感测电信号的过程,因此感测表面上可与离子发生作用的悬挂键密度是影响离子传感器灵敏度的重要因素之一。对于 GaN 而言,其表面悬挂键在离子感测过程中起到关键作用,离子与表面悬挂键间的化学结合改变了 GaN 的电子能带结构,引起导电性能的改变。据此,采用 GaN 制备生物细胞离子传感器并从提高 GaN 的表面化学活性和悬挂键密度的角度提升其探测灵敏度即是本书的核心思想。

从晶体结构看,GaN 可看作由 Ga 原子层和 N 原子层沿 [0001] 晶向逐层堆叠而成。GaN 通常存在如图 1-7 所示的两个极性面,分别为 Ga 极性面和 N 极性面。二者在肖特基势垒、表面吸附等方面的物理性质和化学性质存在明显差异。有实验表明,Ga 极性面与 N 极性面的能带向上弯曲程度分别为 0.6 eV 和 0.13 eV,N 极性面对电子的束缚能较 Ga 极性面低 0.6 eV。这说明相比于 Ga 极性面悬挂键,N 极性面悬挂键的化学性质更为活泼,更易与其他化学物质形成共价键。基于这种特性,笔者认为 N 极性的 GaN 表面更容易同待测离子发生键合,从而获得更高的探测灵敏度。已有实验表明,N 极性的 GaN 外延薄膜制备的传感器比 Ga 极性的 AlGaN/GaN 器件具有更好的氢气感测性能,感测信号变化量增加 170%,且反应时间更短。遗憾的是,N 极性的 GaN 生长制备较困难,长期以来 N 极性的 GaN 半导体器件并未得到充分发展。近年来,已有研究人员对 N 极性的 GaN 器件的制备工艺进行了优化,给 N 极性的 GaN 基器件的发展带来了新的契机。

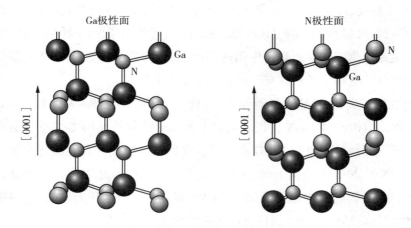

图 1-7　GaN 的 Ga 极性面和 N 极性面的结构示意图

此外,有研究表明一些氧化物与 GaN 纳米材料相结合可以提高器件性能。Chun-chia 等人利用过氧化氢处理 GaN 基场效应晶体管(ISFET)离子传感器感测表面,并形成了约 3 nm 厚的 Ga_xO_y 层,发现带有 Ga_xO_y 层的器件对溶液中 H^+ 的感测灵敏度较未处理 GaN 器件有明显提升。EDS 能谱分析表明,过氧化氢处理使器件表面结合能从 20.29 eV 提高到 20.74 eV,说明当原子外层失去电子时,会在感测表面提供更多的活性悬挂键,从而对 H^+ 更加敏感。Aluri 等人采用 TiO_2 纳米团簇包覆 GaN 纳米线,在 Pt 的催化作用下,使 GaN 体现出较好的甲醇及乙醇感测能力,感测极限达到 100 nmol·mol^{-1},响应时间为 100 s,对以氮气为背景气体的氢气的感测极限为 1 μmol·mol^{-1},响应时间为 60 s;而同样条件下无 TiO_2 纳米团簇包覆的 GaN/Pt 器件对氢气的感测极限为 5000 μmol·mol^{-1}。理论分析认为,氧化物可对 GaN 表面起到钝化作用,减少缺陷态并抬高势垒高度,所以金属-氧化物-半导体(MOS)结构相较于金属-半导体(MS)结构,无论是两端肖特基二极管或无栅极晶体管传感器,还是三端有栅极晶体管传感器,在灵敏度、响应时间和稳定性方面都有所改善。

(1)在第一类 GaN 基感测器件中,在异质结构界面处的 2DEG 靠近感测表面,其浓度可由外部的电荷调节。当有额外的外部电荷作用在感测表面时,会抵消或放大势垒层内的场。例如,当有正电荷或负电荷在感测表面时将增加或降低 2DEG 浓度,即当有离子或极性分子作用在 GaN 基异质结构感测表面时,感测表面材料可以是 AlGaN、AlInN 或 InGaN,这将使沟道中的 2DEG 浓度发生变化,这就是感测的基本原理。应用这一特性,GaN 基异质结构 HEMT 器件可用来感测气体、生物分子和具有不同 pH 值的溶液。

（2）在第二类 GaN 基感测器件中,与传统的第二代 ⅢA－ⅤA 族 AlGaAs/GaAs 异质结构相比,以 GaN 为代表的ⅢA 族氮化物异质结构器件每一层都无须掺杂,不同材料界面间的 2DEG 由材料本身的压电极化和自发极化产生。以 $Al_{0.25}Ga_{0.75}N/GaN$ 异质结构为例,压电极化产生的 2DEG 浓度占总体 2DEG 浓度的 50% 以上,因此 GaN 基异质结构 HEMT 器件会对机械压力敏感,这使得ⅢA 族氮化物异质结构 HEMT 器件可以用来感测压应变或张应变。

（3）第三类 GaN 基异质结构 HEMT 传感器沟道中的 2DEG 浓度或电子输运可以被外场直接影响,外场包括磁场或电磁辐射等,这使得 GaN 基异质结构 HEMT 器件可被用来制备霍尔传感器或紫外线探测器。

1.3　AlIn(Ga)N/GaN 异质结构 HEMT 器件

1.3.1　AlGaN/GaN 异质结构 HEMT 器件

在 GaN 基异质结构 HEMT 器件中,AlGaN/GaN 异质结构 HEMT 器件是最常见的,一般采用金属有机化合物气相沉积(MOCVD)或 MBE 两种生长工艺进行异质结构的生长。生长异质结构常见的衬底有三种,分别为 Si、蓝宝石和 SiC,三种衬底各有优缺点。在 Si 片上外延生长 GaN 是近年来发展起来的技术,与蓝宝石和 SiC 这两种衬底相比,Si 衬底的突出优势是成本低、尺寸大,并且可与常规的 Si 器件和集成电路相集成。但由于晶体结构的不同(Si 为金刚石结构,GaN 为纤锌矿结构),GaN 与 Si 之间会存在较大的晶格失配,在 Si 衬底上直接生长 GaN 会出现开裂的情况,无法达到制备器件的要求。随着外延技术的发展,国内外的研究学者提出了多种提高 Si 基外延 GaN 的方法,主要有 AlN 低温生长插入层、HfN 缓冲层、超晶格和图形化衬底等,这使得 Si 衬底上外延生长 GaN 基异质结构晶体质量得到较大提高。蓝宝石衬底是现在商业化 GaN 基器件中广泛采用的衬底材料,在三种衬底材料中成本和外延晶体质量都居中,GaN 与蓝宝石衬底之间也存在较大程度的晶格失配,这是阻碍获得大尺寸 GaN 外延片的难点之一。另外由于蓝宝石本身属于绝缘材料,无法制备垂直结构的器件,这严重阻碍了 GaN 基 LED 性能的进一步提高。在制备高温高压的大功率器件时,蓝宝石衬底的导热性差使得 GaN 材料本身优势无法得到充分发挥,这是造成 GaN 基功率器件高温退化的主要原因。第三种可实现商用的衬底是 SiC。跟其他两种衬底相比,在 SiC 上外延生长的 GaN 基器件的性能可以得到显著提高,特别是高频、高压、高温的功率器件。其与 GaN 的晶格失配程度相对较小,具有优良的导热性和导电性,是一种较理想的 GaN 异质结构外延衬底,但 SiC 上的氧化膜和晶格失配也会引入位错缺陷或裂纹,影响 GaN 的质量,从而最终影响器件的性能。另外阻碍 SiC 广泛应用于 GaN 异质结构外延衬底的一个重要原因是 SiC 高昂的价格。昂贵的成本使它难以广泛商业化。

　　以生长在蓝宝石衬底上的 AlGaN/GaN 异质结构为例,一般应用 MOCVD 技术,在蓝宝石衬底上外延一层约 2 μm 厚的 GaN 绝缘缓冲层,有的为了提高 GaN 的外层质量,在生长 GaN 缓冲层之前会先外延一层 1 nm 厚的 AlN 层。势垒层的厚度一般大于 15 nm,这个厚度是由极化产生的片电荷浓度决定的。当势垒层厚度一定时,片电荷浓度随着 Al 组分的增加而增加,由于异质结构界面处的应力增大,压电极化和自发极化都会相应增加,所以在 AlGaN/GaN 异质结构中,可以通过 Al 组分来调节片电荷 2DEG 浓度的高低,这与 AlGaAs/GaAs 异质结构的调制掺杂类似。在图 1-8 中显示了当 AlGaN 势垒层厚度固定为 30 nm 时,Al 组分与片电荷 2DEG 浓度的关系。为了更好地将实验数据(空心符号)与理论计算数据对比,在计算片电荷 2DEG 浓度时,考虑了金属 Ni 形成的肖特基接触造成的耗尽。实验数据的 Al 组分最大为 0.5。当 Al 组分为 0.37 时,无论是理论和实验,AlGaN/GaN 异质结构中的片电荷 2DEG 浓度都达到最大值,约为 2×10^{13} cm^{-2}。当 Al 组分继续增加时,AlGaN 势垒层开始出现弛豫,压电效应递减,片电荷 2DEG 浓度降低,图 1-8 中的虚线显示了 Al 组分持续增加,片电荷 2DEG 浓度降低的过程。

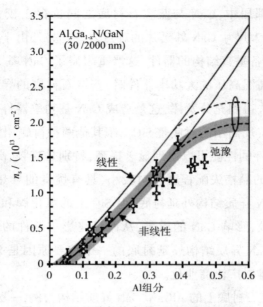

图 1-8　Al 组分与片电荷 2DEG 浓度的关系

对于 AlGaN/GaN 异质结构 HEMT 器件,当势垒层厚度大于 15 nm 时,非线性的 2DEG 浓度与 Al 组分的关系可以近似为:

$$n_s(x) = (-0.169 + 2.61x + 4.5x^2) \times 10^{-13} \text{cm}^{-2}, x > 0.06 \qquad (1-1)$$

其中, x 为 Al 组分的大小; n_s 为 2DEG 浓度。当 AlGaN 势垒层厚度较薄时,需要考虑肖特基接触造成的耗尽会影响沟道中 2DEG 的浓度。图 1-9 给出了片电荷 2DEG 浓度与势垒层厚度的关系,三条曲线分别代表不同的 Al 组分。对于三种 Al 组分,当势垒层厚度小于 12 nm、8 nm、6 nm 时,片电荷 2DEG 浓度极速下降,当三种组分的势垒层厚度大于 15 nm 时,片电荷 2DEG 浓度达到饱和,继续增加势垒层厚度对提高 2DEG 浓度意义不大。Al 组分为 0.30 的曲线附近的空心符号为对应组分的实验数据,可以看出实验值与理论计算值符合得较好。因此,可以说在 AlGaN/GaN 异质结构中,由压电极化和自发极化产生的片电荷是很可靠的。

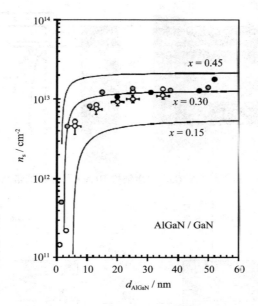

图 1-9　Al 组分不同时,AlGaN 势垒层厚度与片电荷 2DEG 浓度的关系

下面介绍 AlGaN/GaN 异质结构中压电极化和自发极化产生 2DEG 的原理。AlGaN 的 c 面晶格常数比 GaN 小,较薄的势垒层 AlGaN 通过双轴张应变与较厚的 GaN 缓冲层实现晶格匹配,这种张应变会在 AlGaN 层内引入压电极化。AlGaN 势垒层与 GaN 缓冲层之间存在能带不连续和较大的导带带阶,使异质结构中靠近 GaN 一侧形成浓度较高的 2DEG,如图 1-10 中右边的能带结构所示。AlGaN/GaN 异质结构中,不同状态下,在 Ga 面和 N 面中压电极化和自发极化的方向如图 1-11 所示。值得注意的是,当 AlGaN 与 GaN 两种材料都是弛豫状态时,是没有压电极化的,所以在生长异质结构时要注意势垒层弛豫的临界厚度。因为在 AlGaN/GaN 异质结构中,不仅仅是自发极化对片电荷 2DEG 浓度有贡献,压电极化对片电荷 2DEG 浓度也有贡献,如果势垒层发生弛豫,将会大大降低片电荷 2DEG 的浓度,最终影响器件的性能。

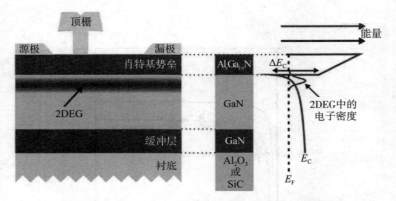

图 1-10 AlGaN/GaN 异质结构 HEMT 器件和能带结构

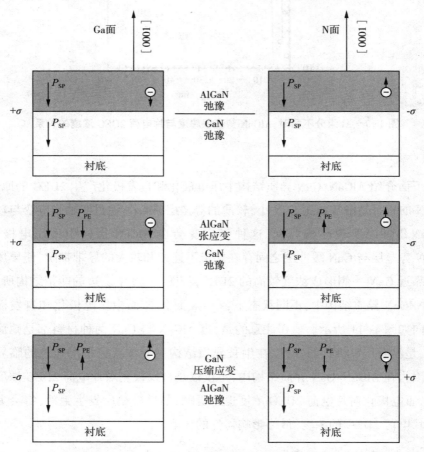

图 1-11 在 AlGaN/GaN 异质结构中,极化产生的片电荷 2DEG 浓度

在 Ga 面与 N 面的不同的极化方向(压电极化与自发极化)

传统的 AlGaAs/GaAs 异质结构是通过势垒层掺杂使两种材料的费米能级不同,电子可以从势垒层 AlGaAs 转移到异质结构界面处的 GaAs 层形成 2DEG。而 AlGaN/GaN 异质结构中的 2DEG 由极化和能带不连续而诱导产生,这使工艺复杂性和制备成本同时降低,这也是 AlGaN/GaN 异质结构的优势之一。

1.3.2　AlInN/GaN 异质结构 HEMT 器件

从材料参数上来说,AlInN/GaN 是比 AlGaN/GaN 更有发展潜力的异质结构,但与 AlGaN/GaN 异质结构受到的广泛研究相比,AlInN/GaN 异质结构 HEMT 器件的研究相对较少。这是由于在生长过程中,AlN 的熔点和键长都与 InN 相差较大,很难长出质量好的、可用于制备器件的 AlInN/GaN 异质结构。这一情况在 2006 年得到突破,Medjdoub 等人应用有机气相外延技术外延出质量良好的 AlInN/GaN 异质结构,并制备出高性能的 HEMT 器件。

AlInN 材料是 AlN 与 InN 形成的三元合金,改变 Al 组分可实现带隙能在 0.7~6.2 eV 范围内连续可调。从图 1-12 可知,当 Al 组分约为 0.83 时,AlInN 可与 GaN 实现晶格匹配生长。这大大减少了由晶格失配带来的位错和缺陷,可提高器件的性能和在高温、高压、高频条件下工作的稳定性,这对一些功率器件来说是至关重要的。另外与 GaN 晶格匹配的 AlInN,两种材料界面之间导带的阶跃更高,可用较薄的势垒层产生更高浓度的 2DEG,可增强栅极对器件沟道的控制;Al 组分大的 AlInN 材料比 AlGaN 材料更接近 AlN,AlN 是 ⅢA 族氮化物中自发极化最强的材料。虽然与 GaN 达到晶格匹配的 $Al_{0.83}In_{0.17}N/GaN$ 的异质结构中没有压电极化,但两种材料自发极化产生的 2DEG 浓度也大于 $Al_{0.25}Ga_{0.75}N/GaN$ 异质结构,而且 AlN 材料具有极高的居里温度,这表明 AlInN 比 AlGaN 有更好的化学稳定性和耐高温特性。因此 AlInN/GaN 异质结构 HEMT 器件具有更高的功率密度和更好的热稳定性。

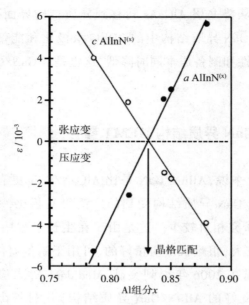

图 1-12　在 AlInN 势垒层中,Al 组分与张应变的关系

(当 $x \approx 0.83$ 时,赝晶 AlInN 可以与 GaN 实现晶格匹配生长)

1.3.3　两种异质结构材料结构的优化

虽然ⅢA 族氮化物半导体材料具有优异的特性,但获得高质量的晶体或异质结构材料是制备具有高性能器件的前提。所以为了提高ⅢA 族氮化物材料生长技术,研究人员做了大量的工作。Aggerstam 等人提出在 GaN 缓冲层中掺杂 Fe 来提高绝缘特性。如果缓冲层 GaN 的绝缘性不好,将会在 2DEG 中产生并行沟道,这会导致关断状态下的衬底漏电上升,从而拉低器件的频率特性,抬高器件的静态功耗。在缓冲层中掺杂 Fe 提高绝缘特性的方法已被广泛应用于微波功率器件中,但 Fe 在强电场下不够稳定,而 GaN 基 HEMT 器件有时需要在超高电压下工作,器件需要承受强电场。1999 年,Webb 等人应用 MBE 技术在 GaN 缓冲层中掺杂 C 来提高其绝缘特性,电阻率达到 10^6 Ω·cm。跟 Fe 相比,在强电场下 C 比较稳定,所以掺杂 C 的 GaN 基异质结构功率器件获得了广泛

应用。2007 年,许福军等人在生长过程中采用位错自补偿的方法提高了 GaN 缓冲层的绝缘性,电阻率最高超过 10^{11} $\Omega \cdot$ cm,并在此高阻的 GaN 上外延了高质量的 AlGaN/GaN 异质结构。Lorenz 等人在外延 GaN 缓冲层之前先外延一层厚约 20 nm 的 AlN,提高外延 GaN 缓冲层质量的同时还改善了器件的噪声特性。2001 年,Hsu 等人提出在 GaN 缓冲层与 AlGaN 势垒层之间插入一层 1 nm 的 AlN。图 1-13 为具有 AlN 插入层的 AlGaN/AlN/GaN 异质结构 HEMT 器件和相应的能带图。

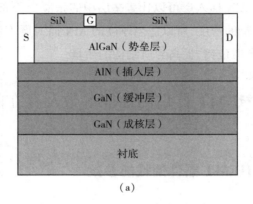

(a)

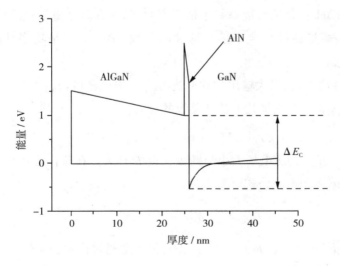

(b)

图 1-13 (a) AlGaN/AlN/GaN 异质结构 HEMT 器件和(b)能带图

AlN 插入层可以改善 GaN 基异质结构中 2DEG 的输运特性。有文献采用这一方法生长的异质结构室温下的电子迁移率可达到 2000 cm² · V⁻¹ · s⁻¹。AlN 插入层在极化效应的作用下,可提高 AlGaN 与 GaN 之间的导带带阶,形成深而窄的量子阱,提高 2DEG 的浓度。该插入层还能提高 2DEG 的局域性,抑制 2DEG 向势垒层和缓冲层渗透,减小合金无序散射,从而提高电子迁移率。另外需要注意 AlN 插入层的厚度,过厚的 AlN 层会使势垒层具有较大的张应变,从而加大晶格失配程度,降低 AlGaN 层的质量,使器件的最终性能下降,一般其厚度为 1 nm。有文献通过 TEM 技术研究了 AlN 插入层对 AlGaN 形貌的影响,结果表明厚度适宜的 AlN 插入层可以让势垒层中的张应变分布得更均匀,并减小异质结构中穿透位错的密度,所以适当厚度的 AlN 插入层不仅可以改善异质结构界面,还能减少穿透位错,提高异质结构的质量。

1.4　GaN 基 HEMT 器件的性能参数及存在的问题

1.4.1　GaN 基 HEMT 器件的性能参数

GaN 基 HEMT 器件的性能参数包括三方面:第一方面是衡量直流特性的参数,第二方面是衡量器件交流小信号特性的参数,第三方面是功率性能参数。下面就这三方面进行具体介绍。

(1)直流特性参数:最大输出饱和电流(I_{Dsat})、电流密度(I_{Dsat}/W)、阈值电压(V_T)、跨导(g_m)等。下面是几个特性参数的公式:

$$I_{Dsat} = \beta V_L \left[\sqrt{V_L^2 + (V_{GT} - R_S I_{Dsat})^2} - V_L \right] \qquad (1-2)$$

其中,当 V_{GT} 相同时,沟道电场大小与栅极长度 L 有关。在长沟道极限下,$V_L \gg V_{GT} - R_S I_{Dsat}$,沟道饱和电流公式可简化为:

$$I_{Dsat} = \frac{\beta}{2}(V_{GT} - R_S I_{Dsat})^2 \qquad (1-3)$$

在短沟道极限下,$V_L \ll V_{GT} - R_S I_{Dsat}$,电子以饱和速度越过沟道,沟道饱和电流公式可简化为:

$$I_{Dsat} = \beta V_L (V_{GT} - R_S I_{Dsat}) \qquad (1-4)$$

其中，β 为跨导系数，V_{GT} 为长沟道器件饱和电压，V_L 为短沟道器件饱和电压，R_S 为串联电阻。

阈值电压是使异质结构沟道中 2DEG 耗尽时的栅极电压：

$$V_T = \frac{-\sigma_{pol}}{C_1} - V_N + \Phi_b - \Delta E_C / e \tag{1-5}$$

其中，σ_{pol} 为异质结构界面处总极化电荷密度，C_1 为栅极和沟道之间的单位面积电容，V_N 为内建电势，Φ_b 为肖特基势垒高度，ΔE_C 为异质结构两种材料的导带底在交界面处的带阶，e 为基本电荷电量。

跨导是反映栅极对沟道电流控制能力的参数，是 GaN 基异质结构 HEMT 器件重要的参数之一：

$$g_m = \frac{V_{sat} W \varepsilon_{ABN}}{d_{ABN}} \tag{1-6}$$

其中，V_{sat} 是沟道饱和电压，W 是栅极宽度，ε_{ABN} 是ⅢA族氮化物的介电常数，d_{ABN} 是ⅢA族氮化物的势垒层厚度。

要获得大的饱和电流，一方面应该提高外延生长水平以获得高质量的 GaN 基异质结构材料，从而获得具有高电子迁移率、高饱和速度以及高 2DEG 浓度的异质结构；另一方面可以从几何尺寸设计方面着手，例如可以采用缩小源极和漏极间距的方法来减小串联电阻或缩短栅极长度等，提高器件频率特性。要想提高器件跨导，可在保证 2DEG 浓度的情况下，尽可能地减小势垒层厚度，另外还可以通过提高器件沟道饱和电压和增加栅极宽度来实现。

（2）交流小信号特性参数：截止频率 f_T 和最大振荡频率 f_{max}。

截止频率的定义：在共源等效电路中，当电流增益降为 1 时的频率。

$$f_T = \frac{g_m^*}{2\pi C_G} \tag{1-7}$$

其中，g_m^* 为本征跨导，C_G 为栅电容。

对于短沟道器件，频率极限主要受制于饱和速率，当沟道长度缩短到一定程度时，电子以饱和速率 v_s 越过沟道，栅极下的电子渡越时间为 $\tau = L/v_s$，

$$f_T = \frac{1}{2\pi\tau} = \frac{v_s}{2\pi L} \tag{1-8}$$

其中，τ 为渡越时间，v_s 为饱和速率，L 为栅长。

当考虑器件的寄生效应时,截止频率的表达式如下:

$$f_{\mathrm{T}} = \frac{g_{\mathrm{m}}/2\pi}{(C_{\mathrm{CS}} + C_{\mathrm{GD}})[1 + (R_{\mathrm{S}} + R_{\mathrm{D}})/R_{\mathrm{DS}}] + C_{\mathrm{GD}}g_{\mathrm{m}}(R_{\mathrm{S}} + R_{\mathrm{D}})} \tag{1-9}$$

其中,C_{CS} 和 C_{GD} 分别为寄生栅源电容和栅漏电容,R_{S} 和 R_{D} 分别为源极和漏极的串联电阻。

最大振荡频率 $f_{\max}$ 的定义为:当输入与输出匹配时,单相功率增益 UPG 等于 1 时的频率。

$$f_{\max} = \frac{f_{\mathrm{T}}}{2\sqrt{(R_{\mathrm{G}} + R_{\mathrm{S}} + R_{1})/R_{\mathrm{DS}} + 2\pi f_{\mathrm{T}}R_{\mathrm{G}}C_{\mathrm{GD}}}} \tag{1-10}$$

从截止频率和最大振荡频率的公式来看,要提高器件的截止频率,就需要提高跨导,减小串联电阻和栅电容。在材料方面需要提高沟道载流子的电子迁移率,在工艺方面需要缩小源漏间距并减小欧姆接触电阻。在最大振荡频率的关系式中可以看出,如果想提高 $f_{\max}$,就需要提高截止频率 f_{T},并减小栅源的串联电阻 R_{G} 和 R_{S}。

(3)功率性能参数:包括最大输出功率、增益和附加功率效率。

最大输出功率:

$$P_{\mathrm{om}} = \frac{1}{8}I_{\mathrm{Dmax}}(BV_{\mathrm{DS}} - V_{\mathrm{Dsat}}) \tag{1-11}$$

增益:

$$G = P_{\mathrm{out}}/P_{\mathrm{in}} \tag{1-12}$$

附加功率效率:

$$P_{\mathrm{AE}} = (P_{\mathrm{out}} - P_{\mathrm{in}})/P_{\mathrm{DC}} \tag{1-13}$$

从上述功能性参数的关系式中可以看出,提高器件最大输出功率需要增大器件的饱和电流,增大饱和电流的方法在直流特性参数的讨论中已经叙述过,这里不再赘述。增益是输出功率与输入功率的比值,在输入功率一定的情况下,提高器件的最大输出功率可以有效提高增益。附加功率效率是用来表征直流功率效率转换为交流功率效率的参数,通常情况下,随着输入信号功率的增大,附加功率效率和输出功率都会逐步增大,附加功率效率先达到饱和并开始下降,输出功率随后达到饱和。

1.4.2　GaN 基 HEMT 器件存在的问题

作为第三代半导体,ⅢA 族氮化物半导体材料具有诸多的优势,这让它们在 LED、紫外探测器、传感器、功率器件和电力电子器件上具有巨大的应用价值和广泛的应用前景,但由于材料生长、器件制备工艺、器件设计和物理模型分析等方面的限制,它们不能很好地发挥优势,有许多方面还有待研究。下面就根据图 1-14 所示的 GaN 基异质结构 HEMT 器件示意图总结需要注意和仍待解决的问题。

在图 1-14 中,A 和 C 是器件的源极和漏极,都是欧姆接触,金属与半导体材料接触时接触电阻越低越好。欧姆接触电阻越低,越能增大器件的饱和电流,减小串联电阻,改善频率特性。有文献表明,可在源漏下方的半导体离子中注入 Mg 来降低金属与半导体材料间的接触电阻,另外可通过在异质结构顶层外延一层 InGaN 来降低接触电阻。但金属与半导体材料的反应,尤其是工作在高温、高压、高频下的金属与半导体材料的反应对接触电阻、沟道电子浓度和迁移率的影响机制还有待深入研究。B 点是栅极,D 点是靠近高电场和高温区的沟道。当器件栅极和漏极电压增大时,在栅极附近靠近漏极一侧会出现尖峰电场,热量也在此积聚,这是沟道退化导致器件性能退化的源头。高电场和高温会使半导体材料出现凹陷和裂缝,这会给器件带来不可逆的损伤。另外材料本身的生长缺陷此时也会给器件性能带来负面影响。为了改善这一情况,可采用场板结构来分散栅极靠近漏极的高电场,还可以采用散热性好的衬底或者倒装结构来改善器件散热性能,从而提高器件的稳定性。E 点是衬底与 GaN 缓冲层的界面,为了提高 GaN 缓冲层的绝缘特性和外延晶体质量,可在界面间外延 AlN 成核层以及在 GaN 中掺杂 Fe 或 C 等。GaN 基器件材料本身的优势在 HEMT 器件的应用中还没有完全发挥,需要进一步优化材料的结构生长,如果要实现像 Si 材料一样大尺寸、高质量的结构生长还有很长的路要走。F 点是衬底,ⅢA 族氮化物外延生长的衬底主要有三种,分别为 Si、蓝宝石和 SiC。关于这三种衬底的优劣已经在前面讨论过,这里不再赘述。

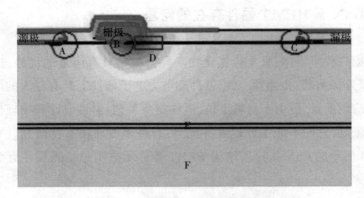

图 1-14　GaN 基异质结构 HEMT 器件示意图

　　因为本书还将涉及 GaN 基异质结构 HEMT 器件在 pH 传感器上的应用,这里进行一下简要介绍。与 GaN 基器件在光电器件、功率器件和电力电子器件方面的应用和相关研究相比,GaN 基器件在传感器领域的研究相对较少,还处于初步阶段。但因为材料本身的优异性能,GaN 基传感器具有化学稳定性好、生物兼容性好、耐腐蚀、耐辐射、可在高温下工作等优势。因为研究较少以及材料生长技术等的限制,还有很多问题值得研究。

第2章 AlInN/GaN 异质结构 HEMT 器件热退化和 pH 传感器性能模拟研究

2.1 引言

AlInN/GaN 异质结构与 AlGaN/GaN 异质结构相比有诸多优势。AlGaN/GaN 异质结构的 2DEG 由压电极化和自发极化产生,而且在一般组分的 AlGaN/GaN 异质结构中由压电极化产生的 2DEG 浓度占总量的 50%以上,所以压电极化对 AlGaN/GaN 异质结构产生 2DEG 影响较大。但当器件工作在高电压和短沟道状态时,过强的电场作用在材料上使材料产生逆压电效应,这将导致材料性能退化,严重时会产生不可逆的损伤,例如凹陷或裂纹。为了避免或缓解这种逆压电效应对器件带来的可靠性问题,科研人员发现一种避免压电极化又不会对 2DEG 浓度产生影响的异质结构,即 AlInN/GaN 异质结构。当 In 组分约为 0.17 时,$Al_{0.83}In_{0.17}N$ 与 GaN 达到近晶格匹配,最大限度地减弱了两种材料之间因晶格失配而引入的压电效应。另外由于 $Al_{0.83}In_{0.17}N$ 这种 ⅢA 族氮化物更靠近具有最大自发极化效应的 AlN 材料,所以 $Al_{0.83}In_{0.17}N$ 材料跟 $Al_{0.25}Ga_{0.75}N$ 相比具有更强的自发极化,应用较薄的 AlInN 势垒层就可以产生与常规 AlGaN/GaN 异质结构相当甚至更高的 2DEG 浓度。这使得 AlInN/GaN 异质结构 HEMT 器件更适合工作在高压环境中,并保持较好的可靠性。

由于 $Al_{0.83}In_{0.17}N$ 具有很强的自发极化,在消除了压电极化的近晶格匹配的 AlInN/GaN 异质结构中总的极化强度要大于 AlGaN/GaN 异质结构。当

AlGaN 势垒层具有较好的结晶质量时，势垒层厚度约为 25 nm 的情况下，AlGaN/GaN 异质结构的 2DEG 浓度为 $1 \times 10^{13} \sim 1.8 \times 10^{13}$ cm^{-2}；而对于 $Al_{0.83}In_{0.17}N/GaN$ 异质结构，当势垒层厚度为 $5 \sim 15$ nm 时，在未掺杂的情况下 2DEG 浓度高于 2.5×10^{13} cm^{-2}。相比于散热性较差的蓝宝石，在 SiC 上的 AlGaN/GaN 异质结构 HEMT 器件的最大电流密度为 $0.8 \sim 1.6$ $A \cdot mm^{-1}$，但势垒层厚度为 13 nm 的 AlInN/GaN 异质结构 HEMT 器件的最大电流密度约为 2 $A \cdot mm^{-1}$。另外受益于 AlInN 势垒层无应变的特点，AlInN/GaN 异质结构 HEMT 器件的可靠性得到提高，避免了器件在强电场下工作可能产生的逆压电效应对可靠性的影响。与此同时，AlInN/GaN 异质结构 HEMT 器件还可在更高的温度下工作，有文献表明，在 1000 ℃ 真空下仍具有 600 $mA \cdot mm^{-1}$ 的电流密度，且当温度回到室温时，器件的退化是可以恢复的，没有不可逆损伤。这种高温稳定性得益于 AlInN 与 GaN 间的晶格匹配和材料较高的居里温度。

虽然 AlInN/GaN 异质结构具有诸多优势，但生长出高质量的 AlInN 层难度较大，这是因为含 Al 和 In 的氮化物生长条件存在矛盾。AlN 和 InN 两种材料之间的共价键差异显著，在生长 AlInN 层时容易出现相分离和组分分布不均匀等现象，使薄膜内部产生大量的位错，降低薄膜质量。有文献表明，在 AlInN 势垒层的螺型位错附近容易出现 In 的富集，这使螺型位错变成了具有高电导率的漏电通道，增大了 AlInN/GaN 异质结构的肖特基反偏漏电流，降低了 HEMT 器件栅极对器件的控制能力。AlN 插入层可以提高 AlInN/GaN 异质结构的霍尔特性和结晶质量，提高电子迁移率，降低沟道中 2DEG 的合金无序散射，并抑制界面粗糙散射。有文献报道，InGaN 背势垒结构可提高器件的稳定性和频率特性，但具有背势垒结构的 AlInN/GaN 异质结构 HEMT 器件的热稳定性还有待研究。另外因为 AlInN 材料本身的极化强度较大，在近晶格匹配 AlInN/GaN 异质结构中，可以应用较薄的势垒层达到较高的沟道 2DEG 浓度，但这成为实现增加型 AlInN/GaN 异质结构 HEMT 器件的一个难点。本书还通过计算 AlInN 势垒层厚度与 2DEG 浓度的关系实现了增强型 AlInN/GaN 异质结构 HEMT 器件，并设计了不同的散热结构，可用来缓解器件材料自热效应引起的性能退化。

2.2　InGaN 背势垒对 AlInN/GaN 异质结构 HEMT 器件热稳定性的改善

2.2.1　InGaN 背势垒厚度和 In 组分的选择

InGaN 的禁带宽度比 GaN 窄,当在 AlInN/GaN 的沟道下方插入一层 InGaN 时,可形成 AlInN/GaN/InGaN/GaN 这种双异质结构,极化场可以使能带倾斜,导致 InGaN 插入层连带 GaN 缓冲层的能带上升,形成背势垒结构。这样的背势垒结构可以增加 2DEG 的局域性,阻止载流子溢出到缓冲层,保持缓冲层的绝缘特性。但 InGaN 背势垒的厚度和 In 的组分变化对 AlInN/GaN 异质结构 HEMT 器件性能的影响有待分析。本书以最基本的 AlInN/GaN 异质结构 HEMT 器件为例,模拟分析了当 In 组分固定为 0.06 时,InGaN 厚度对器件直流特性的影响。图 2-1 为器件的结构图。

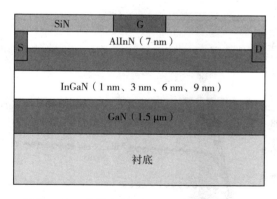

图 2-1　具有 InGaN 背势垒的 AlInN/GaN 异质结构 HEMT 器件

当背势垒的 InGaN 中 In 的组分固定为 0.06 时,改变 InGaN 的厚度(在模拟中厚度取值分别为 1 nm、3 nm、6 nm、9 nm),从器件的转移特性(图 2-2)和输出特性(图 2-3)上来看,当 InGaN 为 1 nm 时,器件的性能最差,另外三种厚度对器件影响很小,基本上可以忽略不计。

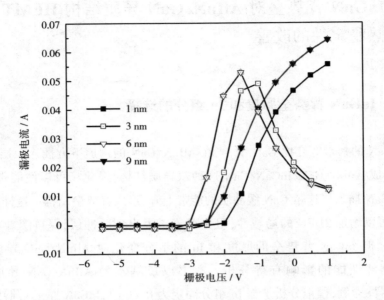

图 2-2   具有不同 InGaN 背势垒厚度的 AlInN/GaN 异质结构 HEMT 器件的转移特性

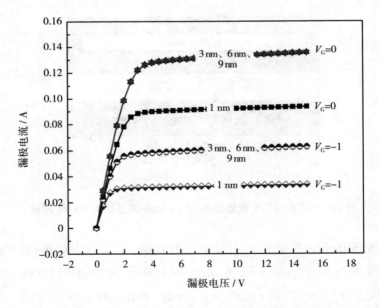

图 2-3   当栅极电压分别为 0 V 和 -1 V 时不同 InGaN 背势垒厚度的输出特性

　　其原因可以从三种背势垒的能带图中得到解释,如图 2-4 所示。当 InGaN 背势垒层仅为 1 nm 时,与其他三种厚度的变化规律不同,在 InGaN 下面的 GaN 缓冲层的导带被抬起,形成了最窄的势阱,但导带底与其他三种厚度的结构相同,这使得最窄的势阱中的电子浓度最低。出现这种情况的原因主要是极化作用。在 AlInN/GaN 异质结构界面处有高浓度的极化电荷,三种结构的 AlInN/GaN 处的极化电荷的浓度是相同的,但在 GaN/InGaN/GaN 界面处,当 InGaN 背势垒层的厚度为 1 nm 时,只在下方的 InGaN 与 GaN 界面处有极化电荷,此时的极化电荷为空穴,而在 GaN 与 InGaN 界面处没有相应的极化电荷与之抵消,这导致了在 AlInN/GaN 界面沟道中的一部分电子用来抵消空穴,使沟道中的 2DEG 浓度下降,从而使输出电流变小,转移特性变差。当 InGaN 背势垒层厚度为 3 nm、6 nm、9 nm 时,在 GaN/InGaN/GaN 的两个界面处形成了可以相互抵消的电子和空穴,对 AlInN/GaN 界面处的 2DEG 浓度不产生影响,所以对器件的输入特性影响较小。但考虑到 InGaN 生长外延方面的限制,过厚的 InGaN 背势垒层会导致整个异质结构结晶质量变差,从而影响器件的稳定性。因此后续的热稳定性模拟中选择了厚度为 3 nm 的 InGaN 作为背势垒。

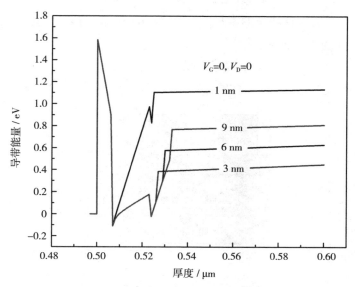

图 2-4　具有不同 InGaN 背势垒厚度的 AlInN/GaN 异质结构的导带能量图

当以 InGaN 材料作为背势垒时,除了厚度的选择外,In 组分的选择也是需要分析的。InGaN 材料的禁带宽度比 $Al_{0.83}In_{0.17}N$ 和 GaN 都要窄,这将会导致器件抗击穿能力的降低,但仍可工作在 28~48 V 的漏极电压范围内。之前的研究工作结果显示,当 InGaN 背势垒的厚度一定时,In 组分从 0.01 改变到 0.15,发现对器件的直流特性影响较小,因为作为背势垒的 InGaN 与上下的 GaN 形成了可以相互抵消的极化电荷,背势垒会拉高 GaN 导带,还会提高器件的热稳定性。考虑到 In 的ⅢA 族氮化物在生长上的困难性,例如 In 富集和分布不均匀等,在后续的工作中,In 的组分采用 0.06。

2.2.2 InGaN 背势垒对 AlInN/GaN 异质结构 HEMT 器件 热稳定性的改善

具有近晶格匹配的 $Al_{0.83}In_{0.17}N$/GaN 异质结构 HEMT 器件在高温下的性能退化是它大范围应用的障碍。InGaN 作为背势垒形成 AlInN/GaN/InGaN/GaN 异质结构可以改善器件热稳定性。为了比较 InGaN 背势垒对 AlInN/GaN 异质结构 HEMT 器件性能的影响,笔者模拟了两种 AlInN/GaN 异质结构 HEMT 器件,分别为没有插入背势垒的常规结构(WOBB)和加入 InGaN 背势垒的改良结构(WBB),如图 2-5 所示。

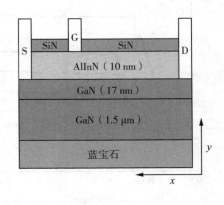

(a)

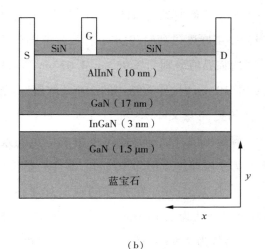

（b）

图 2-5　（a）未加入背势垒的 AlInN/GaN 异质结构 HEMT 器件（WOBB）；
（b）加入背势垒的 AlInN/GaN 异质结构 HEMT 器件（WBB）

如图所示，两种结构都外延在蓝宝石衬底上，GaN 缓冲层的厚度为
1.5 μm，沟道层 GaN 为 17 nm，AlInN 势垒层的厚度为 10 nm，另外有 3 nm 的
InGaN 盖帽层，其中 In 的组分为 0.06。为了与 GaN 实现近晶格匹配，势垒层
AlInN 的 In 组分为 0.17。这里值得一提的是势垒层的厚度，为了选择合适的势
垒层厚度，本书根据ⅢA 族氮化物异质结构 2DEG 浓度公式，计算了具有不同
In 组分的 AlInN/GaN 异质结构 2DEG 浓度与势垒层厚度的关系。2DEG 浓度公
式如下：

$$n_s(x) = \frac{\sigma_{ABN/GaN}(x)}{e} - \frac{\varepsilon_0 E_F}{e^2}\left[\frac{\varepsilon_{ABN}(x)}{d_{ABN}} + \frac{\varepsilon_{GaN}}{d_{GaN}}\right] - \frac{\varepsilon_0 \varepsilon_{ABN}(x)}{e^2 d_{ABN}}$$

$$[e\Phi_{ABN}(x) + \Delta(x) - \Delta E_{ABN}^C(x)] \tag{2-1}$$

其中，$\sigma_{ABN/GaN}$ 为异质结构界面处总极化电荷密度，ε_0 为真空介电常数，ε_{ABN} 为
AlInN 的相对介电常数，d_{ABN} 和 d_{GaN} 为 AlInN 和 GaN 层的厚度，Φ_{ABN} 为肖特基势
垒高度，ΔE_{ABN}^C 为异质结构两种材料的导带底在交界面间的带阶，e 为基本电荷
电量。

图 2-6 为不同 In 组分下，AlInN/GaN 异质结构势垒层 AlInN 厚度与 2DEG

浓度的关系。如图所示,三条曲线分别代表了三种 In 组分,分别为 0.173、0.170 和 0.150。当势垒层厚度过薄时,2DEG 的浓度急剧下降,对于三种 In 组分的 AlInN,这个厚度的临界值分别为 3.95 nm、4.07 nm 和 4.94 nm。当三种 In 组分的 AlInN 厚度大于 10 nm 时,异质结构的 2DEG 浓度区域饱和,再增加势垒层厚度对 2DEG 浓度的提高意义不大,而且在实际材料生长过程中,过厚的 AlInN 生长难度加大,容易出现裂纹和缺陷浓度增加等负面效果。所以在此次的模拟工作中,AlInN 势垒层厚度取值 10 nm。器件的栅长为 250 nm,源栅间距为 750 nm,栅漏间距为 2.5 μm。在器件的顶层加了 SiN 钝化层,栅金属 Ti/Au 形成的肖特基金属尺寸为 0.15 μm×50 μm,功函数为 5。源漏极的欧姆金属(Ti/Al/Ni/Au)功函数为 3.93。为了减小欧姆接触电阻,在源漏极下方设计了 10^{18} cm^{-3} 的 n$^+$ 掺杂浓度。

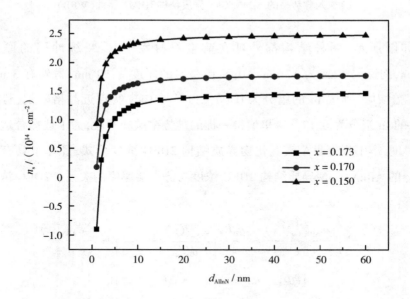

图 2-6　不同 In 组分下 AlInN/GaN 异质结构势垒层 AlInN 厚度与 n_s 的关系

在模拟中应用了肖克莱-里德-霍尔复合模型(SRH),采用了带隙变窄、有效质量变量、在高电场的情况下迁移率对掺杂的依赖等模型,并考虑了材料的极化效应,包括自发极化和压电极化。另外添加了低场下的 Masetti 模型,这个模型一般用来描述非故意掺杂的 GaN 内的杂质散射。与此同时,由非故意掺杂和材料缺陷带来的陷阱对载流子迁移率的影响也在模拟工作中被考虑到。在 GaN 缓冲层设置了 10^{16} cm^2 的施主杂质(属于轻度掺杂,模拟实际工作中 GaN 材料的非故意掺杂),这些施主杂质是由氮空位产生的。在 AlInN/GaN 界面处,由自发极化产生的极化电荷是模拟程序根据理论自动算出来的固定电荷。Canali 模型被用来表现在强电场状态下载流子的迁移速率。材料界面间的陷阱电子非均匀分布应用电流连续方程和泊松方程自洽算得。

　　未加入 InGaN 背势垒结构的器件的转移特性如图 2-7 所示。通过调整 AlInN/GaN 异质结构 HEMT 器件的结构参数、尺寸参数和界面缺陷密度等,使模拟得到的曲线跟实验符合,模拟结果与实验基本相符。

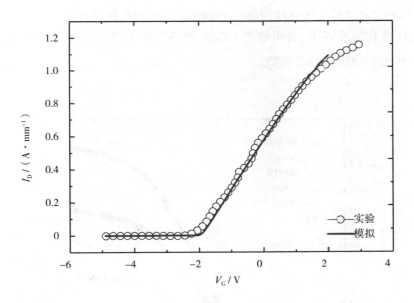

图 2-7　模拟的 AlInN/GaN 异质结构 HEMT 器件转移曲线与实验数据对比

　　当漏极电压 $V_D = 10$ V 时,两种器件(WBB 和 WOBB)的转移特性如图 2-8 (a)所示。由加入 InGaN 背势垒的 AlInN/GaN 异质结构 HEMT 的 WBB 器件的转移特性曲线可见,随着栅极电压的增加,与未插入 InGaN 背势垒结构的 WOBB 器件相比,WBB 器件的漏极电流在线性区的上升速度更快,也具有更高的跨导值。在室温(300 K)时,WBB 器件的漏极饱和电流比 WOBB 高 41%;在 400 K 时,比 WOBB 器件高 213%,如图 2-8(b)所示。其原因是加入 InGaN 背势垒后,沟道中的 2DEG 浓度更高,并且当器件在高温下工作时仍然能够维持较高的 2DEG 浓度。另外在器件关断状态下,WBB 器件性能较好,表现为较低的夹断电压和关态漏极电流,如图 2-8(c)和图 2-8(d)所示。相比于 WOBB 器件,WBB 器件的夹断电压在 300 K 时减小了 24%,在 400 K 时减小了约 21%。夹断电压的减小表明 InGaN 背势垒层可以阻止沟道中的载流子向缓冲层扩散,特别是在较高的温度下工作时,可以有效提高或维持 GaN 缓冲层的绝缘性。在加入 InGaN 背势垒后,器件的关态漏极电流也相应减小。在 300 K 时,跟 WOBB 器件相比,WBB 器件的关态漏极电流减小了 99%,在 400 K 时减小了 95%;在器件的关断状态下,与 WOBB 器件相比,WBB 器件的栅极电压变化幅度较小,表明带有 InGaN 背势垒插入层的器件具有更小的静态功耗和更加稳定的静态性能。

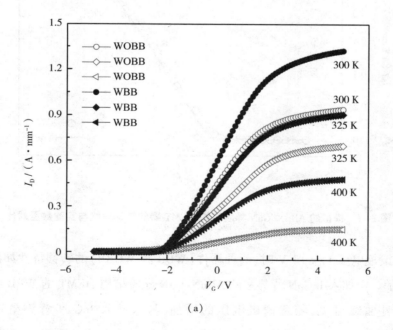

(a)

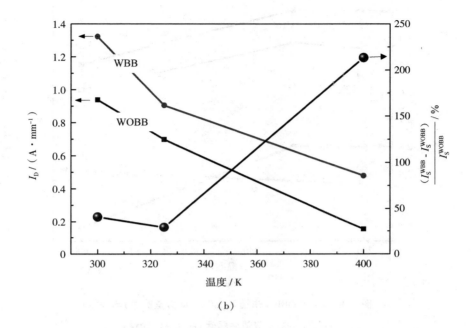

（b）

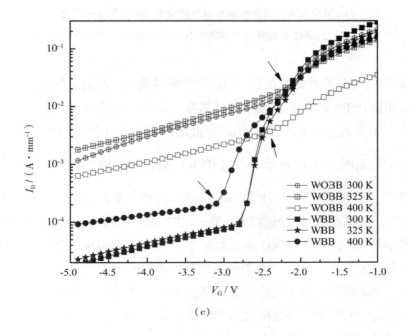

（c）

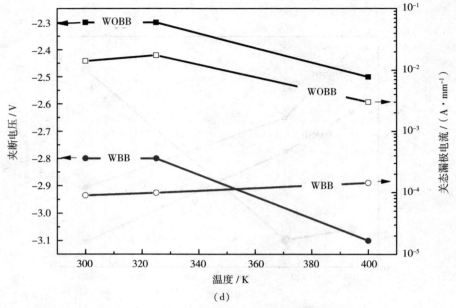

图 2-8　(a) WOBB（未插入 InGaN 背势垒器件）与 WBB
（带有 InGaN 背势垒器件）的 I_D-V_G 特性；

(b) 漏极电流与温度的关系以及漏极饱和电流的上升速率；

(c) I_D-V_G 的局部放大图；(d) 夹断电压和关态漏极电流与温度的关系

图 2-9(a) 是两种器件在不同温度下的跨导曲线。与前面的输出特性和转移特性相似，WBB 器件比 WOBB 器件具有更高的最高跨导值。在跨导曲线的最大值(300 K 时)处，WBB 器件的跨导值比 WOBB 器件高 35.5%，在 400 K 时高 285.1%，如图 2-9(c)所示。根据 HEMT 器件原理，跨导公式为 $g_m \propto \dfrac{W}{L}\mu Nd$，其中 W 和 L 为栅极的宽度和长度，d 为 2DEG 沟道深度，μ 和 N 为电子迁移率和电子密度。较高的跨导值表明，当 d 值一定时，器件沟道中 2DEG 浓度较高，电子迁移率较大。从器件直观性能上来讲，高跨导值表明栅极对器件的开启和关闭的控制能力更强。另外一个表征器件性能的参数是栅压摆幅(GVS)。GVS 的定义是当不同环境下最大跨导值下降到 50% 时栅极电压值的变化。当室温为 300 K 时，与 WOBB 器件相比，WBB 器件显示了较小的 GVS；在 400 K 时，WBB 器件的 GVS 变得更小，比 300 K 时减小了 23.5%，所以 WBB 器件显示了

跨导的稳定性,特别是在高温下。

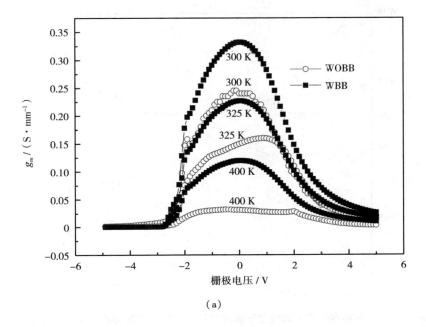

(a)

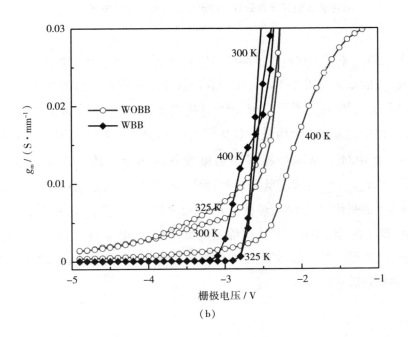

(b)

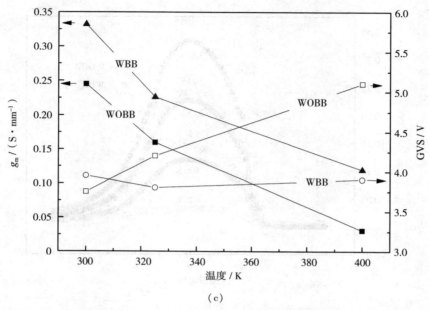

（c）

图 2-9 （a）两种器件在不同温度下的跨导特性；（b）在不同温度下关态区域的跨导；
（c）在亚阈值区跨导最高值与温度的关系以及栅电压的摆幅

图 2-10 为不同漏极电压下两种器件的输出特性和 $1/R_c$。器件的平均沟道电阻（R_{cAV}）的定义为图 2-11（a）中拟合曲线斜率的倒数。从图 2-11（b）中可知，参数 $[(R_{cAV}^{WBB}-R_{cAV}^{WOBB})/R_{cAV}^{WOBB}]$ 代表 WBB 器件平均沟道电阻相对于 WOBB 器件随温度变化的增量。参数 $[(I_D^{WBB}-I_D^{WOBB})/I_D^{WOBB}]$ 代表 WBB 器件的饱和电流相对于 WOBB 器件随温度变化的增量。其中参数 $[(R_{cAV}^{WBB}-R_{cAV}^{WOBB})/R_{cAV}^{WOBB}]$ 与温度呈负相关，说明 WBB 器件在温度较高的情况下还能保持较小的平均沟道电阻；参数 $[(I_D^{WBB}-I_D^{WOBB})/I_D^{WOBB}]$ 与温度呈正相关，说明 WBB 器件在高温下仍有较大的输出电流，而 WOBB 器件的输出电流随着温度升高退化严重。两个参数表明，InGaN 背势垒不但可以提高器件的性能，还可以改善器件的热稳定性。

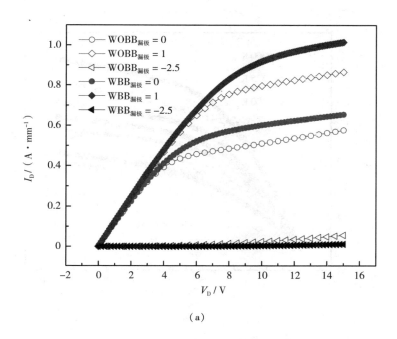

（a）

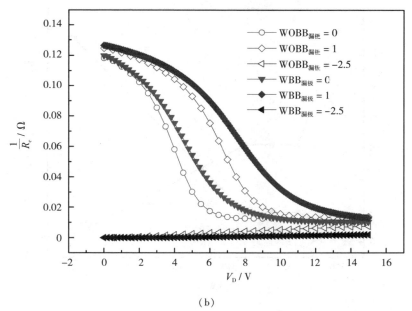

（b）

图 2-10　（a）不同漏极电压下两种器件结构的 I_D-V_D 曲线；

（b）不同漏极电压下的 $1/R_c$（R_c 为沟道电阻）

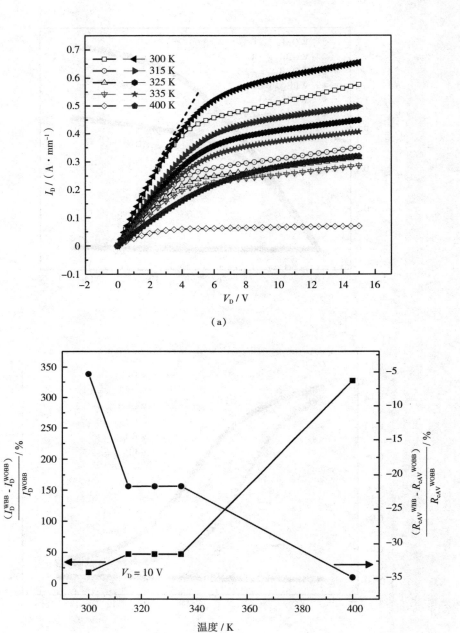

（a）

（b）

图 2-11 （a）当漏极电压为 0 时,两种器件在不同温度下的输出特性;

（b）当 $V_D = 10$ V 时,在不同温度下饱和漏极电流和沟道平均电阻的变化如上所述,在近晶格匹配的 AlInN/GaN 异质结构 HEMT 器件中插入合适厚度及 In 组分的 InGaN 层作为背势垒可以有效提高器件的性能,特别是在高温下工作时还能保持器件的稳定性。关于 InGaN 背势垒结构的 AlInN/GaN 异质结构 HEMT 器件性能参数的改善可总结为:(1)减小了关态漏电,并减弱了在关态时栅压与漏极电流的相关性,这个特性可以使器件具有较低的静态功耗;(2)使器件的夹断电压变小;(3)增大了饱和漏极电流;(4)提高了跨导最高值。这些优点说明 InGaN 背势垒插入层可以提高 2DEG 浓度,特别是器件在高温下工作时的作用更加明显,3 nm 厚的 InGaN 背势垒可在沟道下方产生一个高约 300 meV 的背势垒,从而增强 2DEG 的局域性。模拟结构显示,InGaN 背势垒对器件性能的提高主要归因于 2DEG 浓度的提高,当器件在高温下工作时还可以维持较高水平的 2DEG 浓度,抑制沟道中电子向缓冲层的溢出。从图 2-12(a)中可以看出,不管器件是否有外加电压,WBB 器件沟道处的 2DEG 浓度都要高于 WOBB 器件;从图 2-12(b)中可以看出,不论是在器件的初始状态下还是外加电压条件下,具有 InGaN 背势垒的器件导带在 GaN 缓冲层一侧都被明显抬高,并且当器件加载外加电压时,具有 InGaN 背势垒的器件导带抬高幅度变大,说明在工作状态下,背势垒对沟道电子局域作用更加明显。

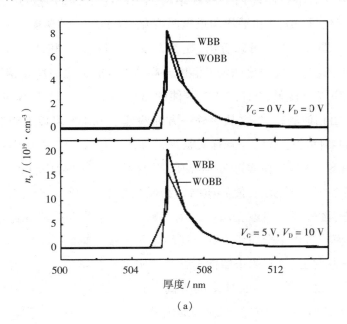

(a)

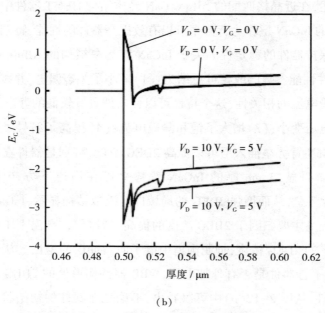

（b）

图 2-12　（a）两种结构器件在 AlInN/GaN 异质结构界面处的 2DEG 浓度；

（b）两种结构的在初始状态下和外加电压下的导带能级图

另外本小节工作中还评估了两种结构的 HEMT 器件的漏极电流变化量（ΔI_{D}）、跨导变化量（Δg_{m}）和平均沟道电阻变化量（ΔR_{cAV}）随温度的变化，如图 2-13 所示。从图 2-13 中可以看出，随着温度的升高，ΔI_{D} 和 Δg_{m} 都在减小，ΔR_{cAV} 在增加。这与前面讨论的随着温度升高器件性能退化的规律相符。值得注意的是，在环境温度较高时，WBB 器件的 ΔI_{D} 和 Δg_{m} 要高于 WOBB 器件，ΔR_{cAV} 也显示出相似的趋势，这从另外一方面验证了 InGaN 可以有效缓解由温度升高带来的器件性能退化。但有文献报道加入 InGaN 背势垒后器件的饱和电流下降的现象。例如，在实际外延异质结构材料生长过程中，InGaN 势垒层的插入会带来额外生长缺陷，使异质结构结晶质量变差，除了异质结构中的静态缺陷外，还有随外界环境改变增加的动态缺陷等，这些都是造成器件性能变差的原因，在模拟过程中全面考虑到上述问题是比较困难的。模拟可以给出一个理论上的理想趋势，这对未来器件不管是结构设计上还是工艺设计上都有一定的借鉴意义。随着外延生长技术的提高，由插入层带来的额外缺陷正在减少，从而可以让 InGaN 背势垒发挥应有的优势。

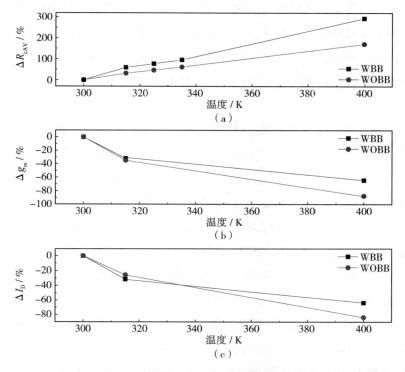

图 2-13 两种 AlInN/GaN 异质结构 HEMT 器件性能参数随着温度的升高发生的退化

(a)ΔR_{cAV};(b)Δg_m;(c)ΔI_D

2.3 增强型 GaN 基异质结构 HEMT 器件的优势及存在的问题

　　GaN 基异质结构 HEMT 器件应用最广泛的是 AlGaN/GaN 异质结构,这要归因于较成熟的外延生长技术。虽然 AlGaN/GaN 异质结构 HEMT 器件在多方面取得了突破性进展,但常规工艺制备的 AlGaN/GaN 异质结构 HEMT 器件均为耗尽型,即阈值电压 $V_{th} < 0$。与增强型 HEMT 器件相比,耗尽型 HEMT 器件有几个缺点:(1)在实际应用中,与增强型 HEMT 器件相比,耗尽型 HEMT 器件的电路设计较为复杂,增加了电路的制造和设计成本;(2)耗尽型 HEMT 器件在高速开关应用方面性能不如增强型 HEMT 器件,增强型 HEMT 器件的主要应用

是高速开关和需要快速响应的电路,是射频电路和微波集成电路的重要组成器件。因为增强型 HEMT 器件 $V_{th} > 0$,即当器件的栅极电压为 0 时,输出电流值为 0,不需要负电压开启,这在节省电路设计制备成本的同时,也降低了单片集成电路的功耗。在高速开关应用方面,增强型 HEMT 器件可以增强电路的安全性。

虽然增强型 HEMT 器件具有诸多优势,但对于ⅢA 族氮化物的多数异质结构来讲,界面间自发极化和压电极化产生的 2DEG 使 GaN 基器件制备增强型 HEMT 器件存在困难。根据现有的工艺技术,制备 AlGaN/GaN 增强型 HEMT 器件的主要方法有:势垒层减薄、F 离子注入、高阻 p-GaN 盖帽层生长、InGaN 盖帽层生长等。但对于比 AlGaN/GaN 异质结构 HEMT 器件更具优势的近晶格匹配的 AlInN/GaN 异质结构 HEMT 器件,因为材料本身的自发极化强度很大,较薄的势垒层就可以产生与常规 AlGaN/GaN 异质结构相当或者更高的 2DEG 浓度,这给 AlInN/GaN 异质结构增强型器件的实现带来更大的挑战。对于这种结构的研究也比较少。本书应用减薄 AlInN 的方法对实现增强型 AlInN/GaN 异质结构 HEMT 器件和材料自热效应对器件性能的影响进行了初步的模拟计算研究,希望对未来实现增强型 AlInN/GaN 异质结构 HEMT 器件提供借鉴和建议。

2.4 增强型 AlInN/GaN 异质结构 HEMT 器件自热效应研究

当 GaN 基 HEMT 器件工作时,材料本身由于电场的影响会产生自热效应,这种自热效应是由晶格温度升高导致的器件整体特别是沟道处的温度升高。自热效应会导致沟道中的 2DEG 浓度降低,电子的迁移率也会随之降低,从而对器件的性能产生负面影响。这阻碍了 GaN 基 HEMT 器件在高功率、高频、高速开关等领域发挥更好的性能。尽管对于 AlGaN/GaN 异质结构 HEMT 器件热效应的优化工作已经做了很多,但是关于增强型的 AlInN/GaN 异质结构 HEMT 器件的热优化工作却鲜有报道。从原理上来讲,可以通过增加散热片或优化结构等来促进器件散热,减小自热效应带来的器件性能退化。

2.4.1　AlInN 势垒层厚度与 2DEG 浓度的关系

增强型 HEMT 器件的标志性参数是阈值电压 $V_{th} > 0$，即当栅极电压为零时，器件处于关断状态，前面已经介绍了增强型 AlGaN/GaN 异质结构 HEMT 器件的实现方法。这里关于增强型 AlInN/GaN 异质结构 HEMT 器件的实现方法是减薄势垒层。根据 GaN 基异质结构界面处的 2DEG 浓度公式计算，当 AlInN/GaN 异质结构界面处的 2DEG 浓度为零时，$Al_{0.827}In_{0.173}N$ 势垒层的临界厚度为 1.14 nm，所以在后续的模拟工作中，势垒层 AlInN 的厚度设为 1 nm，从器件的转移特性上来看实现了增强型的工作模式。

2.4.2　具有不同散热结构的增强型 AlInN/GaN HEMT 器件

本书设计了三种不同结构的 $Al_{0.827}In_{0.173}N/GaN$ HEMT 器件，如图 2-14 所示，用以研究对器件自热效应造成的性能退化的缓解。三种结构分别为（a）传统的蓝宝石衬底结构；（b）在 AlInN/GaN 异质结构顶层外延 2 μm 的 AlN 层的倒装衬底结构；（c）GaN 自支撑衬底结构。以 500 nm 厚的 SiN 作为绝缘钝化层。如前所述，为了使 AlInN/GaN 异质结构 HEMT 器件实现增强型工作模式，设置 AlInN 势垒层为 1 nm，GaN 沟道层为 17 nm，GaN 缓冲层为 1.5 μm；蓝宝石衬底为 2 μm，AlN 倒装衬底厚度为 2 μm，GaN 自支撑衬底为 2 μm，栅极长度为 25 nm。

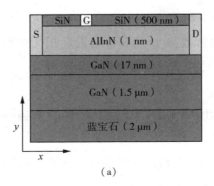

（a）

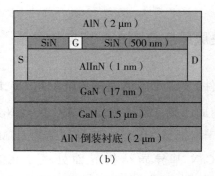

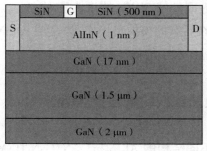

图 2-14　增强型 AlInN/GaN 异质结构 HEMT 器件的三种不同结构

（a）传统的蓝宝石衬底结构；（b）加入 AlN 层的倒装衬底结构；（c）自支撑衬底结构

　　在模拟工作中，SRH 复合模型、晶格加热和极化模型等与前面所采用的模型多数相同。另外值得一提的是，本次模拟工作主要研究了在室温下工作时，器件本身的自热效应对性能的影响，所以采用了材料热导率模型。材料热导率模型与材料特性和厚度有关。对于薄层的 AlInN，采用 $k(T) = T_C$ 公式；对于较厚的缓冲层和衬底，采用 $k(T) = T_C \cdot (300/T_L)^a$ 公式，其中 T_C 是材料热导率的平衡值，T_L 是局域晶格常数，a 是热导率与温度相关的系数。为了使模拟模型更加准确，根据已发表的文章对模型参数进行了校正。

2.4.3　三种结构 AlInN/GaN HEMT 器件改善自热效应的结果与讨论

　　当漏极电压 $V_D = 5$ V 时，器件的转移特性和跨导如图 2-15（a）所示。从图中可以看出，与传统的蓝宝石衬底结构和 AlN 倒装衬底结构相比，GaN 自支撑衬底结构器件具有较好的转移特性和最大跨导值,AlN 倒装衬底结构器件性能居中,蓝宝石衬底器件性能最差。从三种器件的转移特性曲线得知,它们的阈值电压都大于零,说明它们都在增强模式下工作。三种结构的关态漏极电流如图 2-15(a)中插图所示,倒装衬底结构具有最小的关态漏极电流,约为 1.72 mA,GaN 自支撑衬底结构器件的关态漏极电流为 1.8 mA,蓝宝石衬底结构器件的关态漏极电流为 3 mA,是三种结构中最高的。AlN 倒装衬底结构虽然没有最大的漏极饱和电流,但关态漏极电流却是最低的,原因主要有两个:一是 AlInN 与 AlN 之间有 SiN 绝缘层,这样可以抑制电子向 AlN 层的溢出;二是 AlN 材料本身具有很大的禁带宽度,达 6.2 eV,所以 AlN 的绝缘性很好。对于其他两种衬底结构的关态漏极电流,除了跟缓冲层的绝缘性有关外,还与器件异质结构材料的缺陷密度有关。在此次的模拟工作中,氮化物半导体晶格应力是通过“内建模型”来计算的,考虑了不同结构中不同的缺陷密度,另外也考虑了热电子退化效应。不同栅极电压下器件的温度如图 2-15(b)所示,其中器件的外部工作环境固定在 300 K。通过晶格的热流动方程可以实现任意网格点的温度提取。热流动方程为:$C\partial T_{\mathrm{L}}/\partial t = \nabla(\kappa \nabla T_{\mathrm{L}}) + H$,其中 C 为单位热电容,κ 为热导率,H 为热产生系数,T_{L} 为局部晶格温度。热电容可以表示为 $C = \rho C_{\mathrm{p}}$,C_{p} 为比热容,ρ 为材料密度。栅极电压与器件温度的关系图表明,蓝宝石衬底结构器件承受着最高的器件温度,GaN 自支撑衬底结构器件的温度最低,AlN 倒装衬底结构的器件温度居中。

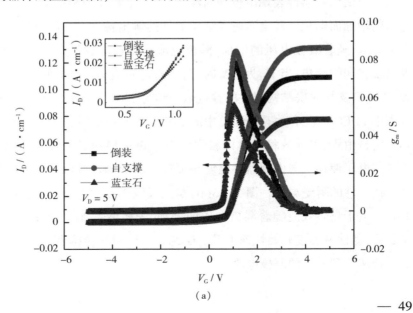

(a)

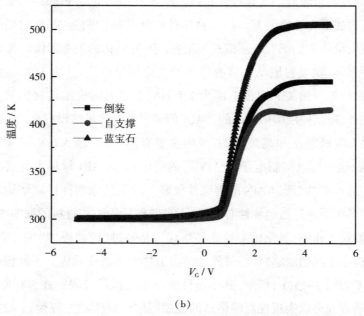

（b）

图 2-15　（a）三种不同 AlInN/GaN 异质结构 HEMT 器件的转移特性和跨导；

（b）三种器件栅压与器件温度的关系

图 2-16（a）是三种器件的输出特性 I_D-V_D，与器件的转移特性趋势相似。GaN 自支撑衬底结构器件表现出较好的输出特性，尽管在饱和区漏极电流随着漏极电压的增加而退化。蓝宝石衬底结构器件的输出特性在三种器件中最差，并且在饱和区，随着漏极电压的增加，漏极电流退化程度也最高。器件的膝点电压也呈现相同的趋势，当 V_G 为 2 V 时，蓝宝石衬底结构器件的膝点电压约为 2.26 V，GaN 自支撑衬底结构器件的膝点电压约为 2.41 V。这个现象与器件温度和沟道中 2DEG 浓度有关。当沟道中的 2DEG 浓度较低时，电子具有较大的动能和平均自由程，可导致材料体内较强的电子热隧穿和量子隧穿，这会造成器件的膝点电压偏移。考虑到器件温度是漏极电流的函数，因此可以通过器件性能来评估器件的耐受温度。图 2-16（b）是漏极电流和器件温度的关系，三种器件的温度由于自热效应随着漏极电压的增加，先缓慢增加直到各自的拐点，过了拐点后，器件的温度开始快速上升。GaN 自支撑衬底结构器件显示了最慢的温度增长速率和最大的漏极电流。

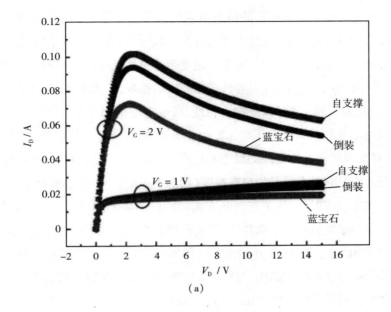

（a）

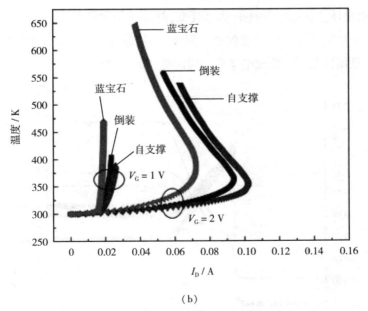

（b）

图 2-16　（a）三种器件的输出特性 I_D-V_D（V_G = 1 V 和 2 V）；

（b）漏极电流与器件温度的关系

HEMT 器件从关态到开态的瞬态响应时间是表征器件瞬态响应特性的重要参数,随着器件栅极电压和漏极电压的升高,自热效应会导致材料晶格温度上升,从而使器件的温度升高,对器件的工作速度带来负面的影响。因此在本书的模拟工作中,笔者研究了自热效应对器件瞬态响应的影响,如图 2-17 和图 2-18 所示。图 2-17 是从关态到开态的瞬态响应特性,栅极电压是 -3 ~ 2 V。图 2-18 是开态下高栅极电压变到低栅极电压(3~2 V)的瞬态响应特性。从图 2-17 中可以看出,GaN 自支撑衬底结构器件的瞬态响应时间最短,从关态到开态的响应时间仅为 0.84 μs,而且它具有最低的稳态温度(约为 402 K)。蓝宝石衬底结构器件显示出最长的瞬态响应时间,从关态到开态的时间约为 4.1 μs,稳态时的器件温度为 473 K;居中的是倒装衬底结构器件,从关态到开态的响应时间为 2.63 μs,稳态的器件温度为 417 K。图 2-17 还给出了三种器件从关态到开态温度变化的响应时间,如图所示,蓝宝石衬底结构、AlN 倒装衬底结构和 GaN 自支撑衬底结构器件的温度变化响应时间分别为 8.3 μs、3.8 μs 和 1.78 μs,说明器件的栅压变化导致的器件内部温度的变化跟器件本身的响应时间相比存在延迟,这是可以理解的,因为器件栅极电压变化导致器件的状态改变,例如从关闭到开启,器件输出漏极电流增大,由于材料自热效应导致的器件温度上升,热量在材料内部传递需要一定时间,这也是器件温度变化比电学变化时间略长的原因。

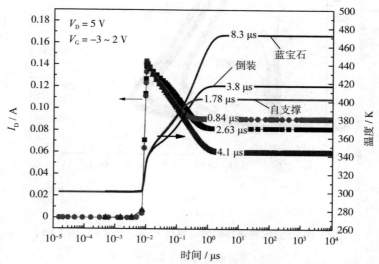

图 2-17　栅极电压从 -3~2 V 的三种器件的瞬态响应和器件温度的变化

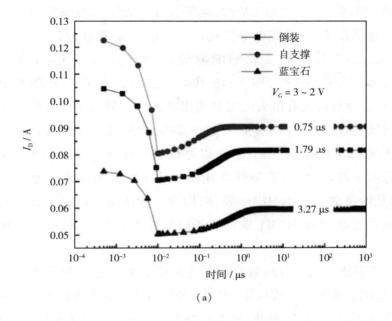

（a）

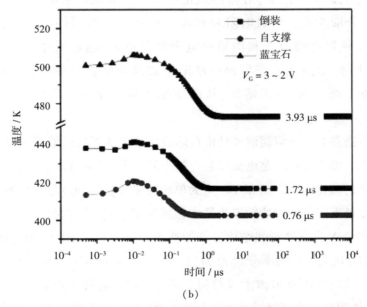

（b）

图 2-18　（a）当栅极电压从 3 V 下降到 2 V 时三种器件漏极电流的瞬态响应；

（b）不同栅极电压条件下器件的瞬态响应特性

当栅极电压从 3 V 变到 2 V 时,蓝宝石衬底结构、AlN 倒装衬底结构和 GaN 自支撑衬底结构,器件电学变化的响应时间分别为 3.27 μs、1.79 μs 和 0.75 μs;而器件温度变化的响应时间分别为 3.93 μs、1.72 μs 和 0.76 μs。此外,图 2-18 与图 2-16 具有相似的趋势,即当外部条件一致时,GaN 自支撑衬底具有最大的漏极输出电流和最低的器件温度。在某些特定的领域,器件的快速响应能力是必需的,特别是工作在高温、高压、高频条件下的 GaN 基 HEMT 器件。所以评估材料自热效应对 GaN 基 HEMT 器件瞬态响应的影响,对于器件设计以及减小此影响具有重要的参考意义,特别是增强型 GaN 基 HEMT 器件,因为一般情况下增强型 HEMT 器件的开关速度比耗尽型 HEMT 器件大 10 倍,主要应用于需要快速响应的领域。

另外本书还评估了自热效应对器件的截止频率(f_T)和最大振荡频率(f_{max})的影响。从相关公式可知,HEMT 器件的截止频率和最大振荡频率与源漏串联电阻、载流子迁移率、欧姆接触电阻、栅极的宽度和长度等有关。当器件尺寸固定的情况下,对器件截止频率和最大振荡频率的影响因素只剩下两个,分别为源漏串联电阻和载流子迁移率。当器件工作时,材料的自热效应会使器件载流子和沟道中电子散射增强,随着温度的升高,载流子迁移率下降,由温度升高导致的缺陷增加也会捕获一些电子,使沟道中 2DEG 浓度下降,沟道电阻增加,从而使器件的截止频率和最大振荡频率降低。

适当的散热结构可以缓解器件由自热效应造成的器件性能退化,提高器件的频率特性。图 2-19(a)是电流增益与频率的关系,当电流增益下降为 1 时的频率为器件的截止频率。图 2-19(b)为单相功率增益(UPG)与频率的关系,当单相功率增益下降为 1 时的频率为最大振荡频率。蓝宝石衬底结构、AlN 倒装衬底结构和 GaN 自支撑衬底结构器件的截止频率分别为 30.4 GHz、42.7 GHz 和 47.3 GHz;最大振荡频率分别为 77.7 GHz、110.8 GHz 和 130.2 GHz。与前面讨论的其他特性相似,GaN 自支撑衬底结构器件具有最高的截止频率和最大振荡频率,说明其在高频领域具有较好的应用前景,这得益于散热衬底结构和较薄的势垒层。

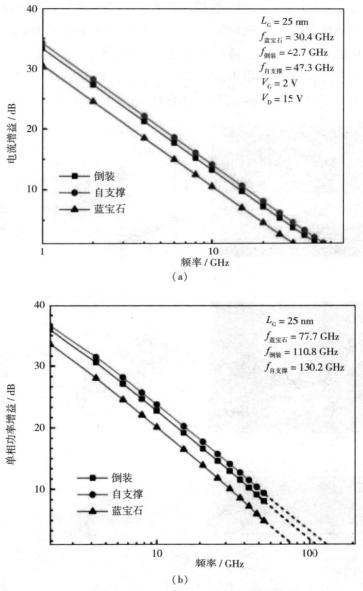

图 2-19　三种增强型 AlInN/GaN 异质结构 HEMT 器件的

（a）截止频率和（b）最大振荡频率

　　当外部环境温度一定时，材料晶格温度的上升会导致器件温度的上升。一般来讲，GaN 基异质结构 HEMT 器件的沟道温度可由物理接触、电学接触和光学接触等方法来提取。然而对于物理接触法来说,热量在传输到测试设备上时有一定的热量散失,这会导致测量结果的失真,另外也不能获得温度在器件内部或沟道中的分布;对于光学接触法和电学接触法来说,除了有一定的热散失外,还存在获得的温度分辨率不高的问题。所以在本书研究工作中,利用模拟方法得到了具有较高分辨率的晶格温度分布,如图 2-20 所示。

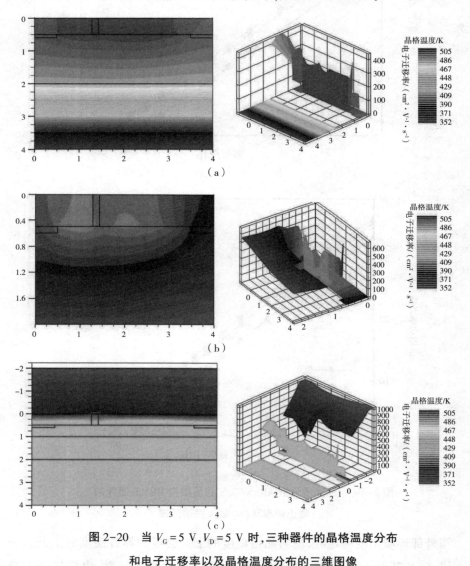

图 2-20 当 $V_G = 5$ V,$V_D = 5$ V 时,三种器件的晶格温度分布

和电子迁移率以及晶格温度分布的三维图像

(a)蓝宝石衬底结构;(b)GaN 自支撑衬底结构;(c)倒装衬底结构

三种器件在初始状态下（$V_G = 0$ V，$V_D = 0$ V，$T = 300$ K），电子迁移率为 1370 cm$^2 \cdot$ V$^{-1} \cdot$ s^{-1}，随着自热效应带来的晶格温度升高，当 $V_G = 5$ V，$V_D = 5$ V 时，电子迁移率下降。如图 2-20 所示，从它们的 z 轴可以清楚地观察到，对于蓝宝石衬底结构器件，在晶格温度最高处的电子迁移率约为 120 cm$^2 \cdot$ V$^{-1} \cdot$ s^{-1}，AlN 倒装衬底结构器件为 260 cm$^2 \cdot$ V$^{-1} \cdot$ s^{-1}，GaN 自支撑衬底结构器件为 300 cm$^2 \cdot$ V 器件$^{-1} \cdot$ s^{-1}。电子迁移率的下降是 HEMT 器件性能下降的主要原因之一，通过选择合适的散热结构或增加散热片可以有效抑制 HEMT 器件由于材料自热造成的性能下降。实验结果表明，传统蓝宝石衬底的晶格温度最高，器件的温度也最高，特别是器件沟道处，晶格最高温度超过 500 K，这是因为蓝宝石衬底的散热性较差。在不改变衬底的情况下，通过外加一个 AlN 倒装散热结构可以降低器件温度，倒装结构沟道处最高晶格温度小于 447 K。与其他两种结构相比，具有 GaN 自支撑衬底结构的器件电子迁移率最高，沟道温度最低，低于 416 K。

2.5　AlIn（Ga）N/GaN 异质结构 HEMT 器件 pH 传感器性能模拟研究

2.5.1　不同栅极宽度和长度对器件的影响

根据 GaN 基异质结构 HEMT 器件漏极输出电流的公式，跨导系数 β 与漏极电流大小成正比，在一定情况下增加栅极宽度可增大器件的输出电流，另外当 β 增大时器件的跨导值也增大，即栅极对器件的控制能力增强。对于传感器而言，高跨导代表器件具有较好的灵敏度。本小节主要研究了 AlInN/GaN 与 AlGaN/GaN 两种异质结构器件的栅极宽度和长度对器件性能的影响。如图 2-21 所示，器件栅极宽度分别为 50 μm 和 250 μm 时，对于 AlInN/GaN 异质结构器件来说，具体的结构参数为 AlInN/AlN/n + GaN/GaN/蓝宝石，层厚为 6 nm/1 nm/50 nm/2 μm/2 μm；对于 AlGaN/GaN 异质结构器件来说，具体结构为 AlGaN/AlN/n+GaN/GaN/蓝宝石，层厚为 20 nm/1 nm/50 nm/2 μm/2 μm。

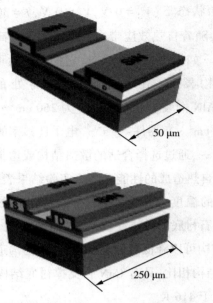

图 2-21　不同栅极宽度的 AlIn(Ga)N/GaN 异质结构 HEMT 器件示意图

　　从 AlInN/GaN 异质结构器件的直流输出特性上来看,当器件的栅极宽度从 50 μm 增加到 250 μm 时,器件的输出电流得到较大提升,如图 2-22(a)所示。考虑后续实验研究中 GaN 基异质结构 HEMT pH 传感器栅极虽然没有实际的栅极金属,但在器件工作过程中,传感器的感测区相当于器件的栅极,当感测区与被测溶液相接触时会产生相当于栅极电压的电势,所以在实验中增加了栅极来模拟器件在实际工作中的情况。因为溶液与器件感测区接触时产生的栅极电压变化一般较小,所以只模拟了较小栅极电压下器件的工作情况,如图 2-22(b)所示。当器件加入栅极电压后,可以用器件的跨导来表征栅极电压对器件的控制能力,在传感器中,器件跨导大表明较小的栅极电压变化可以引起较大的输出电流变化,即器件具有较高的灵敏度。从图 2-22(b)中可知,当栅极宽度为 250 μm 时,器件具有较大的跨导值,即较高的灵敏度。

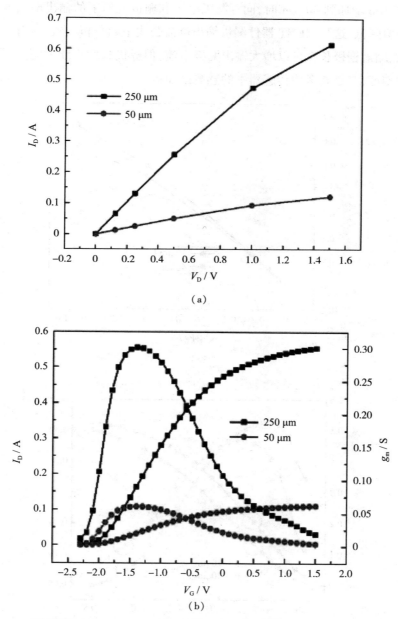

（a）

（b）

图 2-22　不同栅极宽度 AlInN/GaN 异质结构 HEMT 器件的（a）输出特性和（b）转移特性

　　本小节还模拟了栅极长度对器件性能的影响。当栅极宽度固定为 250 μm 时，器件的栅极长度分别为 10 μm 和 40 μm，如图 2-23 所示。当器件的栅极长度由 10 μm 增加到 40 μm 时,同等漏极电压和栅极电压下的输出电流变小,最大跨导值降低,这与 HEMT 器件漏极输出电流公式中的分析一致。值得一提的是,虽然缩短栅极长度可以增大输出漏极电流,但栅极长度不能太短,一是要考虑光刻精度,二是要考虑传感器中的感测区面积。

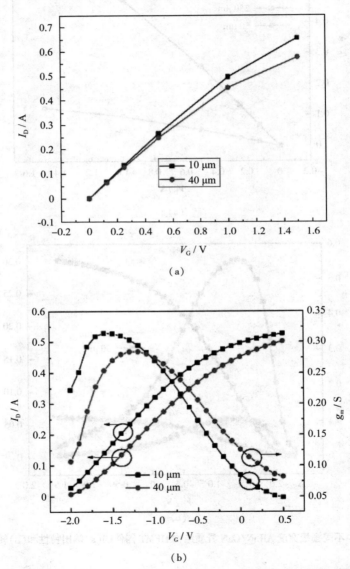

(a)

(b)

图 2-23　不同栅极长度(10 μm 和 40 μm)AlInN/GaN 异质结构 HEMT 器件在的
(a)输出特性和(b)转移特性

2.5.2   AlInN/GaN 与 AlGaN/GaN 两种异质结构器件的性能对比

前面关于传感器栅极长度与宽度对器件性能的影响都是基于 AlInN/GaN 异质结构 HEMT 器件研究的, AlGaN/GaN 异质结构 HEMT 器件具有类似的趋势, 这里不再另外讨论, 本小节主要进行两种异质结构器件的性能对比。从图 2-24 中可以看出, AlGaN/GaN 异质结构与 AlInN/GaN 异质结构相比, 在势垒层较薄(AlInN 6 nm)的情况下, 获得了与 AlGaN(20 nm)相似的开启电压以及更高的输出电流和最大跨导值, 这得益于 AlInN/GaN 异质结构中更高的 2DEG 浓度, 如图 2-25 所示。

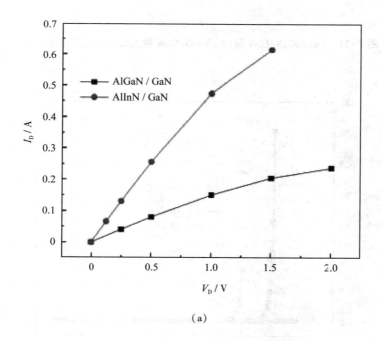

(a)

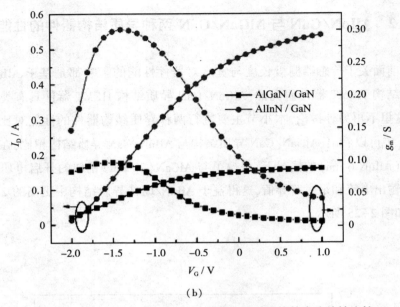

(b)

图 2-24　（a）AlGaN/GaN 与（b）AlInN/GaN 异质结构的直流特性比较

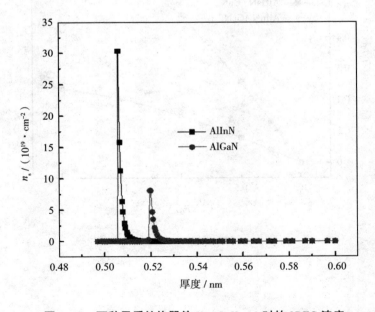

图 2-25　两种异质结构器件 $V_G = 0, V_D = 1$ 时的 2DEG 浓度

采用 AlInN/GaN 异质结构制备溶液传感器更具优势,与 AlGaN/GaN 相比具有更大的输出漏极电流和较高的器件灵敏度。由于 AlInN/GaN 异质结构具有较薄的势垒层,栅极电压的改变可迅速引起沟道层中 2DEG 的变化,从而反映到输出漏极电流的变化上。这个特点可以提高器件的响应速度。从图 2-26 中可以看出,当栅极电压从−1.5 V 变化到 1 V 时,器件瞬态响应速度 AlGaN/GaN 异质结构为 24.7 ns,AlInN/GaN 异质结构为 9.21 ns,AlInN/GaN 异质结构器件具有较短的栅延迟得益于较小的势垒层厚度。

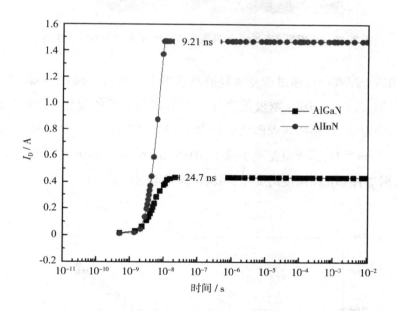

图 2-26 当栅极电压改变时两种异质结构器件的响应速度

2.5.3 表面电荷对器件感测性能的影响

当 GaN 基异质结构 HEMT 溶液传感器的感测表面(AlGaN、AlInN、GaN)与被测溶液接触时,未加特殊修饰的感测表面的表面位可吸附溶液中的氢离子,如图 2-27 所示,而氢离子的多少是判定溶液 pH 值的标准,因此 AlGaN/GaN 与 AlInN/GaN 异质结构可用于制备感测溶液 pH 值的器件。

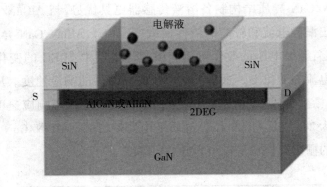

图 2-27　无栅极 AlInN/GaN 异质结构对溶液氢离子感测示意图

　　应用这一原理可以通过改变器件感测区的表面电荷来模拟被测液体对感测区的影响、沟道中 2DEG 浓度的变化及漏极输出电流的变化,如图 2-28 所示。从图中得知,当感测区表面负电荷为 $2.122×10^{10}$ cm^{-2}、$2.122×10^{11}$ cm^{-2} 和 $2.122×10^{12}$ cm^{-2} 时,漏极电流逐步减小,图 2-28(b)是三种情况下当 $V_G=0$ V, $V_D=2$ V 时器件 2DEG 浓度的变化,与输出漏极电流变化一致。

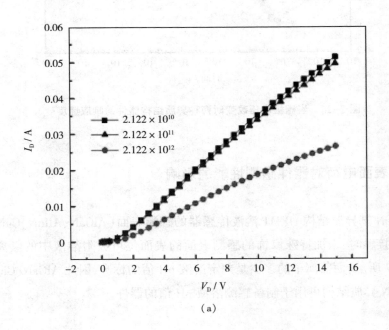

(a)

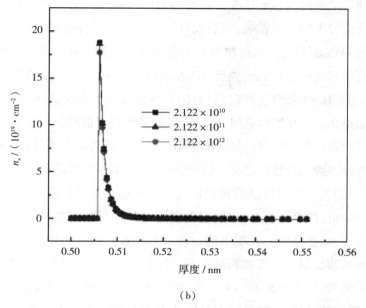

（b）

图 2-28　（a）AlInN/GaN 异质结构 HEMT 器件表面电荷改变对输出漏极电流的影响；
　　　　　（b）异质结构界面处 2DEG 的浓度

2.6　小结

本章主要工作内容分为两部分：一是通过在常规的近晶格匹配的 AlInN/GaN 异质结构的内部插入 InGaN 层，来改善器件在高温环境下工作时的稳定性。二是通过设计不同的散热结构减小增强型 AlInN/GaN 异质结构 HEMT 器件的自热效应对性能的负面影响。具体总结如下：

（1）从能带角度阐述了 InGaN 作为背势垒插入层的 AlInN/GaN 异质结构 HEMT 器件的优势，根据模拟结构和文献资料确定了 InGaN 背势垒层的厚度和 In 的组分。参照已发表的文章数据对模型进行了校准。最后模拟了在不同外部环境温度下未加 InGaN 背势垒的常规结构和加入背势垒的改善结构的直流特性。分析并讨论了 InGaN 背势垒抑制热退化、提高器件热稳定性的原因。

（2）首先通过 GaN 基异质结构中 2DEG 浓度公式计算了势垒层 AlInN 厚度与 2DEG 浓度的关系，并得到 2DEG 浓度为 0 时势垒层的临界厚度，根据理论临界厚度实现了增强型 AlInN/GaN 异质结构 HEMT 器件。为了改善材料自热效应给器件性能带来的不利影响,笔者设计了三种衬底结构,分别为传统的蓝宝石衬底结构、AlN 倒装衬底结构和 GaN 自支撑衬底结构。通过理论与模拟实验分析了具有不同散热结构的增强型 AlInN/GaN 异质结构 HEMT 器件对自热效应的抑制。当 HEMT 器件工作时,材料的自热效应导致晶格温度升高,从而使器件的性能退化。模拟实验表明,选择适当的散热片或散热结构可有效抑制自热效应引起的器件温度升高。好的散热不但改善了器件的直流特性,还抑制了器件频率特性和瞬态特性的退化,从而提高了器件整体的热稳定性。

(3)为了探究无栅极传感器感测区宽度和长度对器件性能的影响,笔者进行了模拟与分析,结果与预期一致,但在实际器件设计与制备过程中要考虑到光刻精度等,因此感测区的长度不能过短。另外在传感器应用过程中,器件的灵敏度不仅与输出漏极电流和跨导有关,还与感测区的面积有关,这是需要综合考虑的。笔者还对比了 AlGaN/GaN 和 AlInN/GaN 两种异质结构器件的性能,结果表明,在同样的外加电压下,AlInN/GaN 异质结构 HEMT 器件具有更大的输出电流和更快的瞬态响应,这得益于 AlInN/GaN 异质结构具有更高的 2DEG 浓度和较小的势垒层厚度。最后根据传感器对溶液酸碱性的感测原理,模拟分析了感测区表面电荷对器件性能的影响。

第3章 GaN 基异质结构 HEMT pH 传感器研究

3.1 引言

与ⅢA–ⅤA 族半导体材料 AlGaAs/GaAs HEMT 器件相比,ⅢA 族氮化物异质结构 HEMT 器件可以是非掺杂的,沟道中的 2DEG 是由极化产生的,包括异质结构界面间的应变极化和ⅢA 族氮化物纤锌矿结构材料本身的自发极化,并且可以产生较高的 2DEG 浓度。常规 AlGaN/GaN 异质结构的 2DEG 浓度要比 AlGaAs/GaAs 异质结构高 5 倍,因此同样的外加电压下具有较大的输出电流和功率密度。另外 GaN 基异质结构沟道中 2DEG 浓度对外界因素变化比较敏感,例如离子、机械力和外场辐射等。这表明 GaN 基异质结构可被用于制备多种用途的传感器。

ⅢA 族氮化物是第三代半导体材料,以 GaN 材料为例,其具有较大的禁带宽度、耐高温、耐腐蚀、耐辐射等优点,这使得 GaN 基相关的传感器可以在恶劣的环境下工作。另外由于 GaN 相关材料的生物兼容性较好,从而让相关传感器件可以在生物溶液检测和特殊生物蛋白检测方面具有优势。

本章主要介绍了 GaN 基异质结构 HEMT 器件对溶液 pH 值的检测原理和相关的理论模型,并根据传感器原理设计不同尺寸的无栅极 AlGaN/GaN 和 AlInN/GaN 传感器,还介绍了器件制备工艺的优化方法和具体流程。

3.2 GaN 基异质结构 HEMT pH 传感器的工作原理

目前还没有专门的理论用来分析 GaN 基异质结构传感器的感测原理。综合半导体固体传感器对液体的感测研究报道,应用最广泛的有两种理论模型:一是"双电层"模型,用能斯特方程来描述溶液中的待测离子产生的界面势,这个模型一度用来分析大多数的半导体材料固体、液体传感器的感测过程,包括金属膜表面、经过特殊修饰的功能膜、氧化膜等。但有文献指出该模型给出了预测电势变化最大值 59 mV/pH 不够准确,并提出了相关的修正意见。二是吸附键模型,这是专门用来描述氧化物层与液体界面间的"双电层"的理论模型,是目前被广泛接受用来解释 pH 感测原理的模型。考虑到 GaN 相关异质结构在空气中放置一段时间后表面会形成天然的氧化层,本章将采用吸附键模型来分析 AlGaN/GaN 和 AlInN/GaN 异质结构溶液 pH 传感器。

3.2.1 Site-binding 模型对溶液 pH 值的感测原理

AlGaN/GaN 和 AlInN/GaN 异质结构 HEMT 液体 pH 传感器的主要原理是利用溶液中的 H^+ 与 OH^- 与异质结构表面反应,使表面态发生变化从而引起沟道中 2DEG 浓度的变化,最后使器件的输出电流发生变化,来衡量器件对不同 pH 值的响应。

溶液中离子对半导体材料表面电势的影响可以用 Site-binding 模型来解释。根据此模型,当感测层表面的羟基基团与电解质溶液接触时,感测层表面原子扮演两种角色。感测表面可以得到一个 H^+ 形成正电荷表面或形成中性的 OH 原位或与溶液中的 OH^- 结合形成负电荷表面,具体的反应式如下:

$$MOH_2^+ \xrightleftharpoons{H^+} MOH \xrightleftharpoons{OH^-} MO^- \tag{3-1}$$

其中,MOH 代表感测表面的羟基基团,其中 M 在本书中为 Al 原子或 Ga 原子(因为所采用的两种异质结构都是金属面生长,非 N 面)。

　　由反应式(3-1)可知,感测面表面势改变多少取决于一种电荷大于另外一种电荷多少,这是电解液 pH 值的函数。因此,H^+ 与 OH^- 是表面势的决定离子。

　　下面是提出的在氧化物表面的 4 个吸附解吸附的过程,其中电解液采用的是 NaCl 配比的 1∶1 电解液。

$$AH_2^+ \Longrightarrow AH + H^+ \tag{3-2}$$

$$AH \Longrightarrow A^- + H^+ \tag{3-3}$$

$$AH_2^+ + Cl^- \Longrightarrow AH_2Cl \tag{3-4}$$

$$A^- + Na^+ \Longrightarrow ANa \tag{3-5}$$

其中,AH_2^+、AH 和 A^- 分别代表正的、中性的和负的表面电位,AH_2Cl 和 ANa 代表界面离子对,根据 Levine 和 Smith 平衡状态上述过程可以写成:

$$kT\ln(v_{AH_2^+}/v_{AH}) + u^o_{AH_2^+} + e\psi_0 = u^o_{AH} + u^o_{H^+} + kT\ln a_{H^+} \tag{3-6}$$

$$kT\ln(v_{AH}/v_{A^-}) + u^o_{AH} = u^o_{A^-} - e\psi_0 + u^o_{H^+} + kT\ln a_{H^+} \tag{3-7}$$

$$kT\ln(v_{AH_2^+}/v_{AH_2Cl}) + u^o_{AH_2^+} + e\psi_0 + u^o_{Cl^-} + kT\ln M = u^o_{AH_2Cl} - pE \tag{3-8}$$

$$kT\ln(v_{A^-}/v_{ANa}) + u^o_{A^-} - e\psi_0 + u^o_{Na^+} + kT\ln M = u^o_{ANa} + pE \tag{3-9}$$

其中,v_t 和 u_i^o 是单位面积的平衡常数和特殊元素的标准化电势,ψ_0 是相对电解溶液的电荷电势,a_H^+ 是溶液中的活性 H^+,M 是与 H^+ 反应的感测表面原子,它们是无量纲的,可通过选择一个单位摩尔浓度作为标准值,k、e、T 是它们本来的意义,pE 是在场强为 E 的局域电场内的界面离子对的静电能。

　　因为 AH_2^+、AH、A^- 处于一个势能为 ψ_0 的面上,而电解离子(Na^+、Cl^-)位于另外一个势面上。所以公式(3-6)、(3-7)、(3-8)和(3-9)可以简化为:

$$\frac{v_{AH_2^+}}{v_{AH}} = \frac{a_{H^+}}{K_+}\exp\left(-\frac{e\psi_0}{kT}\right) ; K_+ = \exp\left(\frac{u^o_{AH_2^+} - u^o_{AH} - u^o_{H^+}}{kT}\right) \tag{3-10}$$

$$\frac{v_{A^-}}{v_{AH}} = \frac{K_-}{a_{H^+}}\exp\left(\frac{e\psi_0}{kT}\right) ; K_- = \exp\left(\frac{u^o_{AH} - u^o_{A} - u^o_{H^+}}{kT}\right) \tag{3-11}$$

$$\frac{v_{AH_2^+}}{v_{AH_2Cl}} = \frac{K'}{M}\exp\left(-\frac{pE + e\psi_0}{kT}\right) ; K' = \exp\left(\frac{u^o_{AH_2Cl} - u^o_{AH_2^+} - u^o_{Cl^-}}{kT}\right) \tag{3-12}$$

$$\frac{v_{A^-}}{v_{ANa}} = \frac{K''}{M}\exp\left(\frac{pE + e\psi_0}{kT}\right); K'' = \exp\left(\frac{u^o_{ANa} - u^o_A - u^o_{Na^+}}{kT}\right) \quad (3-13)$$

其中,K 是解离常数,无量纲。

在感测表面可用的电位密度为:

$$\theta''_+ = \theta' + \frac{M}{K'}\exp\left(\frac{pE + e\psi_0}{kT}\right) = \theta'_+(a_+ - 1) \quad (3-14)$$

$$\theta''_- = \theta' - \frac{M}{K''}\exp -\left(\frac{pE + e\psi_0}{kT}\right) = \theta'_-(a_- - 1) \quad (3-15)$$

其中,$\theta'_+ = v_{AH_2^+}/N_s$,$\theta'_- = v_{A^-}/N_s$,$\theta''_+ = v_{AH_2Cl}/N_s$,$\theta''_- = v_{ANa}/N_s$,$\theta_+ = \theta' + \theta''_+$,$\theta_- = \theta' + \theta''_-$;$N_s = v_{AH} + v_{AH_2^+} + v_{A^-} + v_{AH_2Cl} + v_{ANa}$。$(a_+ - 1)$ 和 $(a_- - 1)$ 为在自由平衡状态下 AH_2^+ 和 A^- 整体的正电位和负电位的分数。

下面介绍 σ_0,数量由滴定实验决定,是 H^+ 和 OH^- 的表面电荷密度。

$$\ln a_{H^+} = -2.303pH = e\psi_0/kT + \frac{1}{2}\ln(K_- K_+) + \frac{1}{2}\ln(\theta'_+/\theta'_-) \quad (3-16)$$

$$\chi = \sigma_0/N_s e = \theta_+ + \theta_- = a_+ \theta'_+ - a_- \theta'_- \quad (3-17)$$

$$\delta = \theta_+ - \theta_- = a_+ \theta'_+ + a_- \theta'_- \quad (3-18)$$

通过和差变换得:

$$\theta'_+ = \frac{\chi + \delta}{2a_+}; \theta'_- = \frac{\chi - \delta}{2a_-} \quad (3-19)$$

把公式(3-18)带入到(3-15)中整理得:

$$2.303\Delta pH = -\frac{e\psi_0}{kT} - \frac{1}{2}\ln\left[\frac{(\chi + \delta)a_-}{(\chi - \delta)a_+}\right] \quad (3-20)$$

其中,$\Delta pH = pH - pH_{pzc} = pH + \log_{10}(K_+ K_-)1/2$。公式(3-20)是根据 Levine 和 Smith 平衡式对能斯特方程的修正。

3.2.2 GaN 基异质结构 HEMT 器件对溶液 pH 值的感测原理分析

对于无栅极 AlGaN/GaN 或 AlInN/GaN 异质结构 HEMT pH 传感器来说,溶液中 H⁺ 和 OH⁻ 与未加修饰的感测表面反应导致异质结构沟道中 2DEG 浓度的变化。从电学特性上来说就是 2DEG 浓度变化带来的沟道电阻的变化。无栅极 AlGaN/GaN 或 AlInN/GaN 异质结构 HEMT pH 传感器如图 3-1 所示。

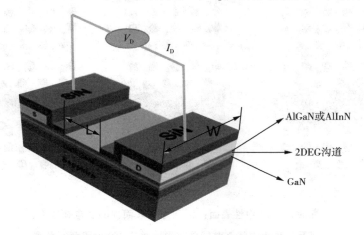

图 3-1　无栅极 AlGaN/GaN 或 AlInN/GaN HEMT pH 传感器

沟道电阻表达式为：

$$R = \rho \frac{L}{A} = \frac{L}{q\mu n_s W} \qquad (3-21)$$

其中，L 为感测区长度，W 为宽度，μ 为电子迁移率，q 为电子电荷量，n_s 为二维片电荷密度，即 2DEG 浓度。

以 AlGaN/GaN 异质结构为例，当异质结构器件在空气中放置后会在表面形成一薄层氧化物，以 Ga_2O_3 为主，在反应式（3-1）中，M 代表 Ga 离子，Ga 离子带有正电荷，它的悬挂键会与空气中的水形成 M—OH 基团，也是在 Site-binding 模型中提到的羟基团。被测溶液与感测表面接触，当溶液为酸性（pH 值较低）时，此时溶液里具有高浓度的 H_3O^+，与感测表面的 M—OH 基团反应容易接受一个 H⁺ 并扮演受主角色，形成 MOH⁺，此时的氧化物感测面呈现正电荷，沟道中 2DEG 浓度升高；当被测溶液呈碱性（pH 值较高）时，溶液中 OH⁻ 浓度较大，M—OH 释放一个 H⁺ 并形成 MO⁻，扮演施主角色，感测表面呈现负电荷，沟道中 2DEG 浓度下降。这些由于溶液 pH 值改变带来的对器件表面势的改变直接影响了 2DEG 的浓度，图 3-2 更直观地表达了这一过程。

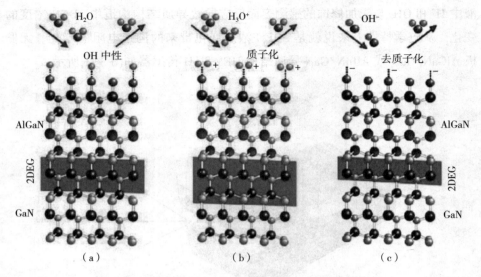

图 3-2 （a）中性表面；（b）正电荷表面；（c）负电荷表面；
以及三种表面状态对异质结构界面处 2DEG 浓度的影响

在相关文献中有人提出另外一种理论模型用来解释不同 pH 值溶液中 H^+ 和 OH^- 直接与 Ga 面的 GaN 反应，而不是 Ga 的氧化物。这个模型认为，感测表面是与 OH^- 产生反应，而不是 H_3O^+，因此不需要氧化表面。根据这个假设，他们观察到了在低 pH 值时器件较弱的响应。但也有文献研究表明，在 AlGaN 层上面的 Ga 氧化层有助于器件获得更好的感测性能，而且器件感测表面在未加任何处理的情况下在空气中放置一段时间就会形成天然的氧化层，这一说法也从后续样品的 XPS 谱图中得到验证，所以本书后续的相关实验中，应用的是 Site-binding 模型分析关于具有氧化层的 AlGaN/GaN 异质结构 HEMT pH 传感器的感测性能。

3.3　GaN 基异质结构 HEMT pH 传感器的模板设计

对于 GaN 基异质结构 HEMT pH 传感器来说器件应该工作在线性区，器件的输出电流随栅极的表面电势的变化而变化。HEMT 器件工作在线性区时，漏极输出电流公式可以简化为：

$$I_{\mathrm{D}} = \frac{\varepsilon_{\mathrm{N}}\mu W}{2dL}(V_{\mathrm{G}} - V_{\mathrm{off}})V_{\mathrm{D}} \tag{3-22}$$

HEMT 器件的跨导是表征栅极电压对沟道载流子调控能力的参数,对于无栅极 GaN 基异质结构 HEMT pH 传感器来说,溶液中的离子与感测表面的反应引起的电势变化相当于栅极的作用,对器件的漏极电流公式求 V_{G} 的导数可以得出跨导的公式:

$$g_m = \frac{\partial I_{\mathrm{D}}}{\partial V_{\mathrm{G}}} = \frac{\varepsilon_{\mathrm{N}}\mu W}{dL}V_{\mathrm{D}} \tag{3-23}$$

从上面的论述可知,器件跨导的大小代表栅极对沟道的控制能力,对于传感器来说,跨导的大小代表传感器灵敏度的高低。所以本着提高器件灵敏度的原则,应该设计合理的器件尺寸,使其尽可能获得大的跨导值。

当异质结构的材料确定时,材料的相对介电常数、电子迁移率和势垒层厚度都是确定值。在器件尺寸设计方面,根据跨导公式,可以用提高器件感测区的宽长比(W/L)来获得较高的跨导。在缩小感测区长度时不能过小,要考虑制备工艺中光刻机的最小尺寸。增大感测区宽度时要考虑过大的宽度对器件测量产生的不利影响,另外感测区面积也是影响器件灵敏度的一个重要因素。

根据上述分析,笔者设计了几种具有不同感测区宽度和长度的器件:当感测区长度固定为 10 μm 时,宽度分别为 50 μm、100 μm、150 μm、200 μm、250 μm,如图 3-3(a)所示;当感测区宽度约为 150 μm 时,长度分别为 5 μm、10 μm、20 μm、30 μm、50 μm,如图 3-3(b)所示。另外借鉴 GaN 基异质结构 HEMT 器件的插指电极,设计了具有多感测区无栅极 pH 传感器,如图 3-3(c)所示。

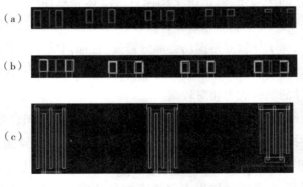

图 3-3　具有不同感测区宽度和长度的器件设计

3.4 基于 GaN 外延片器件的微加工工艺流程简介

前面介绍了在器件尺寸设计方面对器件输出电流和灵敏度的优化,这里介绍另外一个方面对器件的优化,即器件的制备工艺。

3.4.1 样片清洗

在进行所有的工艺流程之前,需要对样片进行清洗,有助于清洗掉样品上的灰尘有机物等,可提高在后续工艺中金属层和其他薄膜介质的黏附性,提高器件的可靠性。清洗有机污染物的常用溶液有丙酮、乙醇、乙酸;清洗无机污染物和表面氧化层的常用溶液有氢氟酸、$NaOH$、NH_4OH 等。本书所用到的样品清洗步骤为:首先把样品放在丙酮中超声 3 min,接着放入去离子水中超声 1 min,再将其放入乙醇中超声 3 min,最后用去离子水冲洗并吹干。

3.4.2 台面隔离

在器件制备的工艺流程中,实现器件隔离的方法通常有三种,分别为离子注入、干法刻蚀和湿法刻蚀。

离子注入隔离是使用高能离子轰击器件有源区以外的部分,通过破坏晶格掺入其他离子,如 H、He、N 和 B^+ 等实现有源层的隔离。离子注入的优势是简化工艺、保持器件的平面化、防止由于刻蚀台阶过深导致连接金属容易断裂等影响器件的成品率。离子注入的劣势有:用离子注入法隔离的器件的热稳定性不太好,高温注入离子导致晶格损伤会部分修复,使隔离效果减退,从而导致器件衬底的漏极电流增加,性能下降。另外离子注入设备与干法刻蚀设备相比更复杂,维护和器件的制备成本相对较高。

干法刻蚀的主要方法包括反应离子刻蚀(RIE)、感应耦合等离子体(ICP)和电子回旋共振等离子体(ECR)。干法刻蚀的优势是各向异性、均匀性与重复性都较好,可实现连续生产等优点。缺点是器件的非平面化,刻蚀台阶过深会导致连接金属断裂,刻蚀气体轰击器件表面会造成一定的刻蚀损伤,这些都会对器件的最终性能造成负面影响。

　　湿法刻蚀分为电化学刻蚀和化学刻蚀。与其他两种刻蚀方法比,湿法刻蚀具有制备工艺简单、对材料损伤低、成本低等优点。缺点是刻蚀速率不均匀,对缺陷区域和非缺陷区域的刻蚀速率相差较大。对于 GaN 材料来说,键能可达到 8.92 eV,具有非常稳定的化学性能,在室温下材料几乎不受水、酸和碱的影响;在热的碱性溶液中可被缓慢腐蚀。所以用湿法刻蚀 GaN 相关材料很难获得满意的刻蚀速率。一般对于台面刻蚀这种上百纳米深度来说,湿法刻蚀不太适用。

　　综上所述,结合几种刻蚀方法的优缺点,在本书的相关实验中,采用技术和工艺参数比较成熟的感应耦合等离子体进行台面刻蚀,刻蚀气体为 Cl_2,刻蚀深度为 200 nm。台面隔离漏极电流的测试结果如图 3-4 所示。

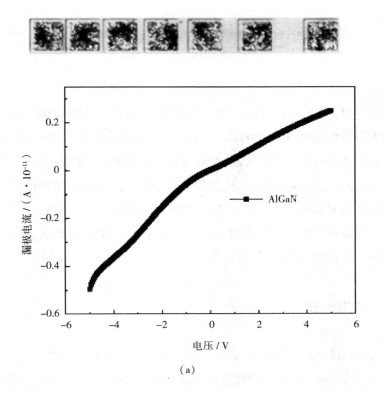

(a)

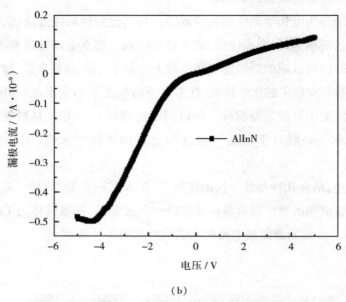

（b）

图 3-4　台面隔离测试图形和两种异质结构的测试曲线

（a）AlGaN/GaN ；（b）AlInN/GaN

由图 3-4 可知,在同样的工艺参数和刻蚀深度下,AlInN/GaN 异质结构的台面隔离漏极电流比 AlGaN/GaN 异质结构的台面隔离漏极电流高,这是因为 AlInN/GaN 材料的生长难度较高,在异质结构中缺陷密度比 AlGaN/GaN 异质结构要大,而且 AlInN 材料本身非故意掺杂的 2DEG 浓度要高于 AlGaN 材料。但两种器件的衬底漏极电流都在可接受范围内,AlGaN/GaN 为皮安级别,AlInN/GaN 的衬底隔离漏极电流为纳安级别。两种异质结构的衬底隔离都达到了可以制作器件的级别,可以继续下面的工艺。

3.4.3　欧姆金属

欧姆金属接触是 GaN 基异质结构 HEMT 器件制备中的关键工艺。在制备工艺中不同金属层种类和厚度的选择都会影响最后的欧姆接触电阻,如果欧姆接触电阻过大,源漏的功率耗散就会增加,器件的输出电流和效率就会受到影响。

对于 GaN 基异质结构来说,绝大部分都采用 Ti/Al 实现与 GaN 基材料的低电阻接触。为了实现更好的导电性,顶层金属一般采用 Au,在 Al 和 Au 之间的夹层金属为 Ni,是为了防止 Al 与 Au 之间互熔。最后确定的 Ti/Al/Ni/Au 的厚度为 25 nm/160 nm/40 nm/100 nm。欧姆金属蒸发后在 850 ℃的 N_2 下快速退火 30 s,退火后 Ti 与 GaN 相关材料的 N 反应成 TiN,同样在异质结构的势垒层中 N 空位形成 n+层,使电子容易实现隧穿,形成良好的欧姆接触。

在工艺制备过程中,用 TLM 图形来评估欧姆接触质量。根据 TLM 公式可知,相邻金属间的电阻 R_T 可以表示为:

$$R_T = \frac{\rho_s d}{Z} + 2R_c \approx \frac{\rho_s}{Z}(d + 2L_T) \tag{3-4}$$

其中,R_c 为欧姆接触电阻,ρ_s 为材料方块电阻,L_T 为传输线长度,Z 为电极宽度,d 为电极间间距。根据公式算得的相关参数如图 3-5 右边表格所示。从上图和表格中的参数可知,AlInN/GaN 和 AlGaN/GaN 两种异质结构的欧姆接触电阻率分别在 10^{-5} 和 10^{-4} 量级,在合理的量级范围内(经验值一般在 $10^{-3} \sim 10^{-8}$ $\Omega \cdot cm^2$)获得了较好的欧姆接触电阻。值得一提的是,AlGaN/GaN 异质结构的方块电阻为 390.2 $\Omega \cdot sq^{-1}$,AlInN/GaN 异质结构的方块电阻为 371.7 $\Omega \cdot sq^{-1}$。AlInN/GaN 异质结构方块电阻较小的原因是其异质结构中的 2DEG 浓度较高。

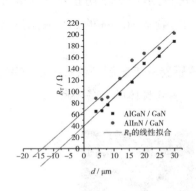

TLM（AlGaN/GaN）		
传输线长度	9.96E+00	［μm］
接触电阻率	6.13E−05	［Ω·cm²］
接触电阻	1.5463514	［Ω·mm］
片电阻	390.20596	［Ω·sq⁻¹］
4 μm处电流	0.0191	［A］
TLM（AlInN/GaN）		
传输线长度	6.75E−00	［μm］
接触电阻率	1.69E−04	［Ω·cm²］
接触电阻	2.5074747	［Ω·mm］
片电阻	371.68729	［Ω·sq⁻¹］
4 μm处电流	0.011817	［A］

图 3-5　欧姆接触 TLM 测试结果与相关的参数

3.4.4　Si₃N₄ 钝化隔离层

在完成欧姆接触后,应用等离子体增强化学气相沉积法(PECVD)沉积一层 30 nm 的 Si₃N₄ 作为隔离层,可以覆盖器件表面陷阱,使后续的互联金属与缓冲层 GaN 绝缘,减小衬底漏极电流,提高器件的稳定性。

3.4.5　互联金属与 Si₃N₄ 保护层

对欧姆接触区进行开孔,一般采用 BOE 溶液腐蚀掉欧姆接触区上层的 SiN 层,再用上述标准的样片清洗程序进行清洗。清洗后的样片进行蒸镀互联金属来扩展器件电极以便为后续的探针测试做准备。在本工艺中互联金属由 Ti/Al/Ni 三层金属组成,Ti 金属是为了提高器件的黏附性,Al 和 Ni 可以降低金属层厚度和防止氧化。沉积完互联金属后应用 PECVD 沉积一层 300 nm 的 SiN 作为器件最后的钝化保护层。

3.4.6　测试窗口

最后对器件的感测区和测试电极进行开窗。由于最后的钝化保护层 SiN 为 300 nm,所以在此工艺中先采用 ICP 对 SiN 进行刻蚀,为了防止对感测表面的损伤,对 SiN 的刻蚀深度应控制在 270 nm 左右,剩下 30 nm 的 SiN 采用湿法刻蚀。

至此,无栅极 GaN 基异质结构 HEMT pH 传感器的工艺制备流程全部结束,图 3-6 是器件工艺流程图,可以更直观形象地了解到具体的制备流程。

ICP

有源台面, 光刻

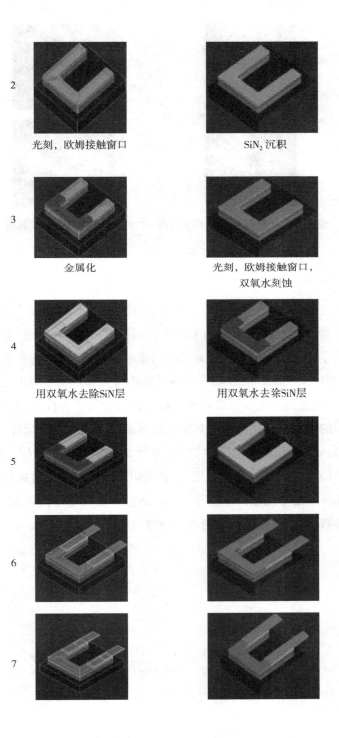

2	光刻，欧姆接触窗口	SiN₂ 沉积
3	金属化	光刻，欧姆接触窗口，双氧水刻蚀
4	用双氧水去除SiN层	用双氧水去除SiN层

图 3-6　无栅极 GaN 基异质结构 HEMT pH 传感器工艺流程图

3.5　小结

本章主要对 GaN 基异质结构 HEMT pH 传感器的感测原理、器件设计和工艺流程进行了研究和介绍。首先对几种固体半导体材料溶液 pH 值的感测模型进行介绍，并做了对比。根据 GaN 基异质结构特点和现实环境中感测区氧化层的形成，最后选定用吸附键模型对其分析。详细介绍了该模型的理论推导和对能斯特模型的修正。利用该模型对溶液中离子与感测表面的反应，以及表面势的变化对 GaN 基异质结构沟道中 2DEG 浓度的影响进行了分析。根据 GaN 基异质结构 HEMT 器件漏极输出电流、沟道电阻和跨导等公式对如何提高器件的输出电流和灵敏度方面进行了器件设计。最后详细介绍了器件制备工艺流程，包括工艺参数优化、评估器件隔离和欧姆接触的方法等。

第 4 章　AlIn(Ga)N/GaN 异质结构 HEMT pH 传感器研究

4.1　引言

GaN 基异质结构 HEMT 器件可在界面处产生高浓度、高迁移率和高饱和速度的 2DEG,可用于制造高频器件、高压器件、高速转换器件、光发二极管、光电探测器和传感器等。同时 GaN 较宽的带隙(GaN 为 3.4 eV,Si 为 1.1 eV)和较大的键能使 GaN 器件可在高达 500 ℃的环境中正常工作,并且具有很好的化学稳定性,因而应用在空间飞行器、卫星和其他高温电子器件领域可以不用额外添加冷却装置,大幅简化了整个设备的设计结构,降低成本和卫星等空间飞行器的重量,提高有效载荷。此外,GaN 基器件由于材料的无毒性而具有良好的生物兼容性,因此也可用于制备嵌入式生物医疗传感器。溶液 pH 值是化工、环境、生物、医疗等领域的重要监测数据,发展 pH 值传感器无疑是十分重要的。目前,虽然市面上已有多种类型的 pH 值传感器,但这些 pH 值传感器的灵敏度、高温使用性能、生物相容性等仍有待提高,从而限制了它们的使用范围。GaN 基 HEMT 界面 2DEG 源于 GaN 自发极化和压电极化,其沟道中的载流子浓度受表面电荷状态调控,所以 GaN 基异质结构 HEMT 器件可作为制造固体 pH 值传感器的良好敏感元件,AlGaN/GaN 异质结构 HEMT pH 值传感器的研究已得到广泛开展。

相较于 AlGaN,AlInN 的自发极化强度更高,在 AlInN/GaN 界面可产生更高的导带能差,因而产生相近或更高的界面 2DEG 浓度。相同的 2DEG 浓度要求下,AlInN/GaN 异质结构 HEMT 器件所需的 AlInN 层厚度明显小于 AlGaN/GaN

异质结构 HEMT 器件所需的 AlGaN 层厚度,因此 AlInN/GaN 异质结构 HEMT 器件的栅极控制能力更强,即在相同器件尺寸和工艺水平下,AlInN/GaN 异质结构 HEMT 器件能获得更高的跨导值,相关的传感器的电荷探测能力强于 AlGaN/GaN 异质结构 HEMT。此外,17.3%In 的 AlInN 同 GaN 间可实现晶格匹配,AlInN/GaN 异质结构界面位错等结构缺陷的密度由此大幅下降,有利于提高器件的稳定性。很多研究结果证明,AlInN/GaN 异质结构的综合物理性能明显优于 AlGaN/GaN 异质结构,少量关于 AlInN/GaN 异质结构 HEMT 器件用于离子探测的实验探索也已有所开展,实验结果预示 AlInN/GaN 异质结构 HEMT 器件具有优异的离子电荷探测能力。Brazzini 首先研究了 GaN 覆盖的 AlInN/AlIn/GaN 场效应管的 pH 值探测性能,结果显示一定源漏极电压下器件漏极电流对溶液 pH 值的灵敏度与器件结构有关,处于 $-1.37\ \mu A/pH$ 与 $-4.16\ \mu A/pH$ 之间。在用于探测脱氧核糖核酸(DNA)杂化时,AlInN/GaN 异质结构 HEMT 器件的灵敏度高于 AlGaN/GaN 异质结构 HEMT 器件的灵敏度。磷酸根表面功能化的 AlInN/GaN 异质结构 HEMT 器件在探测磷酸根的实验中也比 AlGaN/GaN 异质结构 HEMT 器件具有更高的灵敏度,探测极限低于 $0.02\ mg \cdot L^{-1}$,同时可实现磷酸根阴离子特异化探测。AlInN/GaN 异质结构对极化液体和 NH_3 气体敏感的实验也有所报道。

本章主要分两部分进行研究,第一部分是优化感测区尺寸,根据 GaN 基异质结构 HEMT 器件的漏极输出电流和跨导公式可知,W/L 的值越小,漏极输出电流和跨导越大,但在传感器应用的过程中,器件灵敏度并不是 W 越大 L 越小越好,而是有合适的比例值。第二部分是根据多指栅的 GaN 基异质结构 HEMT 器件对传感器的改进,设计了具有多感测区的 pH 传感器,实验结果表明,这种设计可以有效提高器件的漏极输出电流和不同 pH 值溶液的电流变化量。

4.2 AlIn(Ga)N/GaN 异质结构 HEMT pH 传感器结构设计优化

4.2.1 AlIn(Ga)N/GaN 异质结构材料的制备

本研究采用了两种异质结构材料,分别为 $Al_{0.25}Ga_{0.75}N/GaN$ 和 $Al_{0.83}InN_{0.17}/GaN$。

对于 AlGaN/GaN 异质结构来说,应用金属有机化学气相沉积设备,衬底是蓝宝石,先在衬底上低温(500~600 ℃)生长一层约为 20 nm 的成核 GaN 层,然后将温度升高到 1050 ℃,外延一层 2 μm 的高阻 GaN 缓冲层(掺入 p 型空穴形成高阻)、50 nm 的 GaN 沟道层、1 nm 的 AlN 插入层作为隔离层,最后是 20 nm 左右的 AlGaN 势垒层。

对于 AlInN/GaN 异质结构,同样是蓝宝石衬底,在成核层生长,高阻缓冲层、插入层和沟道层等都和前面的 AlGaN/GaN 异质结构生长条件相同,不同的是势垒层 AlInN 的生长。在 760 ℃ 的条件下,将三甲基铟(TMIn)、三甲基铝(TMAl)和 NH$_3$ 交替通入反应室,N$_2$ 作为载气。用脉冲调节反应气体的流量和时间实现 AlInN 的周期性生长,最后 AlInN 的厚度为 13 nm,为了减少缺陷表面态和 In 聚集等,在 AlInN 势垒层上方生长了 3 nm 的 GaN 盖帽层。

表 4-1　两种异质结构的霍尔测量参数

异质结构	迁移率(μ)	方块电阻(R_{SE})	2DEG 浓度(n_s)
Al$_{0.25}$Ga$_{0.75}$N/GaN	1730 cm^2 · V^{-1} · s^{-1}	360.7 Ω · sq^{-1}	1.00×10^{13} cm^{-2}
Al$_{0.83}$In$_{0.17}$N/GaN	1270 cm^2 · V^{-1} · s^{-1}	240.3 Ω · sq^{-1}	2.05×10^{13} cm^{-2}

4.2.2　两种异质结构 pH 传感器的制备与感测区优化

根据前面提到的理论公式,W/L 的值越大,器件的漏极输出电流和跨导值越大。但有文献资料研究表明,当 W 过大时,器件的背景噪声和背景电流变大,这对传感器的探测稳定性是非常不利的。因此在本书中设计了不同感测区宽度和长度的器件,当 W_G 固定为 150 μm 时,L_G 分别为 5 μm、10 μm、20 μm、30 μm、50 μm;当 L_G 固定为 10 μm 时,W_G 分别为 50 μm、100 μm、150 μm、200 μm、250 μm。图 4-1 是两种结构的示意图和对相关离子的检测反应。

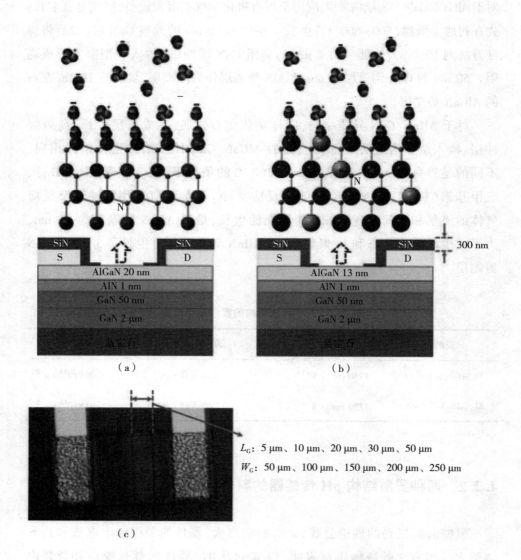

图 4-1　（a）无栅极 AlGaN/GaN 异质结构 HEMT pH 传感器示意图
和感测表面 POH 基团对溶液中离子的感测；

（b）无栅极 AlInN/GaN 异质结构 HEMT pH 传感器示意图和感测表面 POH 基团
对溶液中离子的感测；（c）器件实际图

4.2.3　测试结果与讨论

　　笔者对两种无栅极异质结构(AlGaN/GaN 和 AlInN/GaN)HEMT pH 传感器在酸性溶液和碱性溶液中的电流变化量进行了测试,酸性溶液 pH 值从 4 到 5,碱性溶液 pH 值从 9 到 10。如图 4-2(a)所示,对于 AlGaN/GaN 和 AlInN/GaN 异质结构器件,无论是酸性溶液还是碱性溶液,当器件感测区长度为 10 μm 时,改变感测区宽度,宽度为 150 μm 的器件具有最高的电流变化量;当感测区宽度为 150 μm 时,改变感测区长度,长度为 20 μm 的器件具有最高的电流变化量,如图 4-2(b)所示。由此说明,当感测区的宽度与长度比值为 7.5 时,器件拥有较好的 pH 值探测能力。

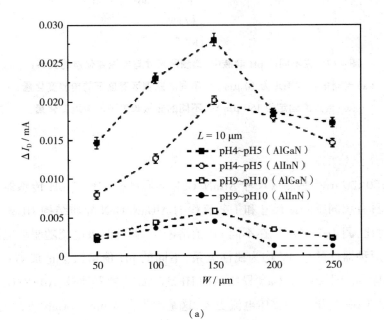

(a)

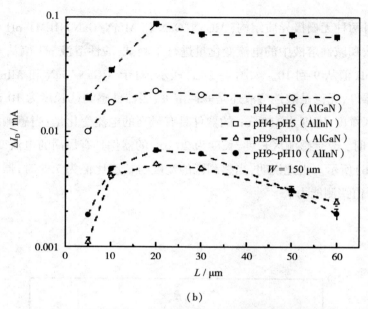

（b）

图 4-2　在不同的 pH 溶液中,感测区尺寸与电流变化量的关系;
（a）当栅极长度固定为 10 μm 时,不同的感测区宽度下的电流变化量;
（b）当宽度固定为 150 μm 时,不同的栅极长度下的电流变化量

　　以 150×20 μm² 感测区尺寸 AlInN/GaN 异质结构 HEMT pH 传感器为研究对象,与具有相同感测区尺寸和工艺流程的 AlGaN/GaN 异质结构 HEMT pH 传感器为对比,图 4-3 展示了在不同 pH 值溶液中,器件漏极电流随驱动电压的变化,可见两种器件的 I_D-V_D 均为线性关系,不同的 pH 值溶液会造成器件的 I_D-V_D 曲线偏移。同 AlGaN/GaN 异质结构 HEMT pH 传感器比较,AlInN/GaN 异质结构 HEMT pH 传感器的整体电流更大,这是因为在 AlInN 与 GaN 界面间 2DEG 浓度更高。

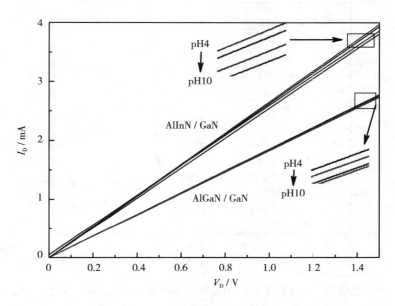

图 4-3　两种无栅极 GaN 基异质结构 HEMT pH 传感器的 I_D-V_D
对不同的 pH 值溶液的电流响应

　　图 4-4 给出了当驱动电压为 1 V 时,器件漏极输出电流的变化量同溶液 pH 值的关系。从测量值的拟合曲线可知,它们的判定系数 R^2 分别为 0.93 (AlGaN/GaN 异质结构)和 0.99(AlInN/GaN 异质结构),说明在不同 pH 值的溶液中,电流变化量与 pH 值呈线性关系。定义 I_D-pH 值拟合直线斜率为器件的 pH 值探测灵敏度,可以得到 AlInN/GaN 器件的灵敏度−30.83 μA/pH,这一数值明显高于 AlGaN/GaN 器件的灵敏度−4.6 μA/pH。表 4-2 总结了几种不同材料制备的 pH 值传感器的灵敏度,可见 AlInN/GaN 异质结构 HEMT pH 传感器灵敏度基本高于其他传感器灵敏度一个量级。图 4-4 中测试值的误差反映了 AlInN/GaN 器件 pH 值探测实验中响应电流的波动状态,电流波动量级在 0.1 μA 以下,由此可计算出器件精度大致为 0.1 μA/30.83 μA/pH ＝ 0.003 pH,该值优于目前市面可见 pH 传感器的精度 0.01 pH。

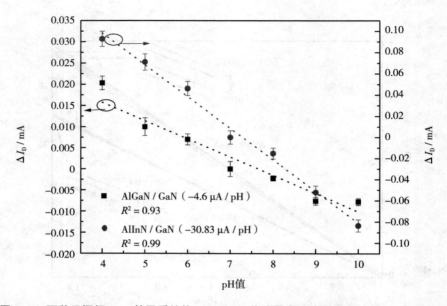

图 4-4　两种无栅极 GaN 基异质结构 HEMT pH 传感器电流变化量与溶液 pH 值的关系

表 4-2　几种 pH 传感器的探测灵敏度

pH 传感器	灵敏度 μA/pH
PbO 薄膜	1.1664
V_2O_5/WO_3 薄膜	1.8496
ZnO/Si 纳米线	0.5329
ZnO 薄膜	0.2916
PSi	0.5776
AlInN/GaN 异质结构(本书)	30.8400
AlGaN/GaN 异质结构(本书)	4.6000

　　器件在 pH 值探测时的时间分辨特性测试结果见图 4-5 和图 4-6。图 4-5 评估了器件在短时间内对同一个 pH 溶液值测试时输出电流的稳定性，一个溶液 pH 值维持的时间为 50 s，取样间隔为 1 s；两种异质结构的器件都表现出较好的电流稳定性，而且两种异质结构器件表现出与图 4-3 相似的趋势，即当外加电压相同时，AlInN/GaN 异质结构器件的整体输出电流要大于 AlGaN/GaN 异质结构器件。

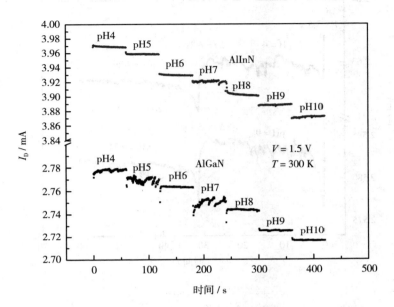

图 4-5　溶液 pH 值从 4 到 10 两种异质结构的

无栅极 HEMT pH 传感器时间分辨的漏极输出电流,取样时间间隔为 1s

　　评估 pH 传感器从一个 pH 值到另外一个 pH 值的响应时间,对一些需要快速响应的应用来说很有必要。本书对两种异质结构器件在酸性溶液和碱性溶液的 pH 值变化的响应时间进行了评估,如图 4-6 所示。由图 4-6 可知,当溶液 pH 值改变后,器件的输出电流经历一个快速改变的过程后进入稳定状态。例如 AlInN/GaN 异质结构器件,当溶液 pH 值从 4 变化到 4.26 时,响应时间 Δt 约为 0.5 s;当溶液 pH 值从 9 变化到 9.74 时,响应时间 Δt 约为 0.3 s。AlGaN/GaN 器件也有类似的响应过程,但不管是在酸性溶液中还是碱性溶液中,器件的响应速度要比 AlInN/GaN 器件慢,pH 值从 4 变化到 4.26,Δt 约为 6.39 s,pH 值从 9 变化到 9.74,Δt 约为 5.1 s。究其原因应该是 AlInN 势垒层比 AlGaN 薄,溶液中离子浓度的变化对器件表面势的改变可以快速反应到沟道中的 2DEG 浓度的变化,从而体现到电流变化上。

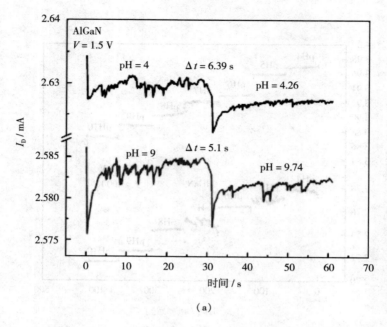

(a)

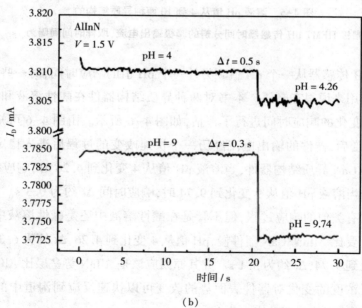

(b)

图 4-6　不同的 pH 值下两种异质结构 pH 传感器的瞬态响应时间

（a）AlGaN/GaN 异质结构器件；（b）AlInN/GaN 异质结构器件

良好的稳定性是器件的基本要求之一,对传感型器件也一样。因此本书对 AlInN/GaN 和 AlGaN/GaN 两种异质结构的 HEMT pH 传感器的稳定性进行了评估。图 4-7 给出了器件负载工作一段时间后空载漏极输出电流的检测结果。图中点 1 代表器件空载(感测区没有测试溶液)的初始电流,点 2 代表器件长时间(大约 8 h)负载工作后,器件经清洗、吹干后的空载电流。显然,点 2 处的电流比点 1 处略有下降,AlInN/GaN 器件的电流下降到原来的 99.1%,AlGaN/GaN 器件的电流下降到原来的 97.8%,两种器件的性能略有退化。将器件干燥放置一段时间后,笔者发现器件的性能会逐渐恢复。点 3 代表器件干燥放置 1 h 后,AlInN/GaN 器件的空载电流恢复到初始电流的 99.6%,10 h 后性能基本完全恢复。AlGaN/GaN 器件 1 h 后空载电流恢复到初始电流的 99.5%,10 h 后完全恢复。放置一周后,再次测试,空载电流无明显变化。说明器件长时间工作后,性能退化是可恢复的,没有对器件造成不可逆的损伤。从物理的角度解释,器件长时间工作相当于对器件施加应力测试,一些电子会被栅漏有源区的表面态俘获,削弱了栅边靠近漏极一侧的电场值,从而导致器件的漏极输出电流下降(需要说明的是,在无栅极 GaN 基 HEMT 传感器当中,感测区在感测时的表面电势变化相当于器件的栅极电压)。

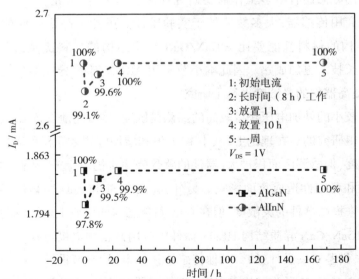

图 4-7　两种异质结构的 HEMT pH 传感器长时间工作的可靠性和恢复性

从上面的测试结果可以看出,不管是 AlInN/GaN 异质结构器件还是 AlGaN/GaN 异质结构器件,对不同的 pH 值溶液的电流响应呈线性关系。根据 GaN 基器件对离子传感器的原理,可以应用吸附键模型对器件在不同 pH 值溶液中的感测过程进行解释。因为两种异质材料都是金属面生长,而非 N 面,所以根据吸附键模型反应式,对于 AlInN/GaN 异质结构,M 代表 Al 或 In 原子;对于 AlGaN/GaN 异质结构,M 代表 Al 或 Ga 原子,其他的反应过程是一样的,这里不再赘述。

4.3 具有多感测区的 AlGaN/GaN 异质结构 HEMT pH 传感器

4.3.1 多感测区 AlGaN/GaN 异质结构 HEMT pH 传感器的设计

GaN 基异质结构 HEMT 传感器得益于材料的优越性,使其能在恶劣的环境下完成探测工作,而且生物兼容性良好,在未来医用生物传感器方面也有较好的发展前景。但因为ⅢA 族氮化物作为第三代半导体材料研究时间较短,尤其是传感器应用方面还有很多工作需要研究和完善,到目前为止,市面上还没有 GaN 相关的商用传感器,大多数还处于实验阶段。虽然近晶格匹配的 AlInN/GaN 异质结构的材料性能要比 AlGaN/GaN 异质结构的材料优越,但 AlGaN/GaN 材料生长技术更加成熟。因此本小节采用 AlGaN/GaN 异质结构为研究对象,对如何提高器件的灵敏度进行了研究。

如何以较小的外加电压获得较高的探测灵敏度,尽可能地发挥 GaN 基材料的优势是值得研究的。在理论上,减小 W/L 值和增加感测区面积可以提高器件的探测灵敏度,但感测区面积过大,器件的背景噪声也随着上升,从而对器件探测的可靠性和稳定性造成负面影响。另外,有人在 Si 和 ZnO 生物传感器上采用叉指电极来提高器件的灵敏度,但在 GaN 基传感器的研究上还没见到类似的报道。在 AlGaN/GaN 异质结构 HEMT 器件中应用叉指栅电极可提高微波功率器件的性能,借鉴这一设计,结合其他传感器叉指电极,本节设计了一种具有多感测区的 AlGaN/GaN 异质结构 HEMT pH 传感器,在同一工艺流程下制备了两种不同感测区尺寸的传统单感测区传感器作为对比器件。从理论上来说,当感测区的长度相同时,具有多感测区的传感器件的电阻要小于单感测区器件。因为多感测区器件的电极是叉指电极,相当于多个分立的传感器并联,因此减小了电极之间的距离和沟道电阻,增强了对器件的控制。

在本小节研究工作中,应用 AlGaN/GaN 异质结构设计并制备了具有多感测区叉指电极控制的 pH 传感器。实验结果表明,当操作电压相同时,与传统的单感测区传感器件相比,多感测区器件可有效提高器件的输出电流和灵敏度。这个设计在未来实际应用中,对降低整个集成电路的功耗具有一定的贡献。

本小结中所用的 AlGaN/GaN 异质结构材料与之前所用到的 AlGaN/GaN 异质结构一样,Al 的组分为 0.25,蓝宝石衬底,20 nm 的低温 GaN 成核层,2 μm 的高阻 GaN 缓冲层,50 nm 的非故意掺杂 GaN 沟道层,1 nm 的 AlN 隔离插入层,最后是 20 nm 的 AlGaN 势垒层。通过霍尔测试得到材料的参数为:方块电阻为 405 Ω·sq^{-1},电子迁移率为 1460 cm^2·V^{-1}·s^{-1},2DEG 浓度为 1.05×10^{13} cm^{-2}。器件的制备工艺按照标准的微加工工艺,细节参见第三章。图 4-8 为本节研究设计的两种感测区宽度的单感测区器件(A 和 B)以及具有多感测区的器件(C),它们的感测区尺寸分别为 A 是 50×10 μm^2;B 是 250×10 μm^2;C 是 250×10 μm^2。

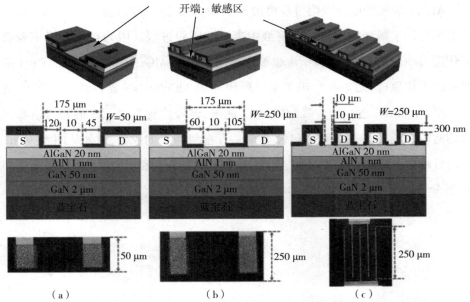

图 4-8 (a)、(b)常规的无栅极 AlGaN/GaN 异质结构 HEMT pH 传感器;
(c)多探测区无栅极 AlGaN/GaN 异质结构 HEMT pH 传感器

4.3.2　多感测区 AlGaN/GaN 异质结构 HEMT pH 传感器测试结果

AlGaN/GaN 异质结构界面上的 2DEG 源于 AlGaN 的自发压电极化和压电极化,其 2DEG 浓度可表示为:

$$n_s(x) = \frac{\sigma(x)}{e} - \left[\frac{\varepsilon_0 \varepsilon(x)}{de^2}\right][e\varphi_0(x) + E_F(x) - \Delta E_c(x)] \qquad (4-1)$$

式中,$\dfrac{\sigma(x)}{e}$ 为总的束缚面电荷;ε_0 为真空介电常数;x 为 $Al_x Ga_{1-x}N$ 中 Al 的物质的量,在这里研究的器件中 $x = 0.25$;d 为 AlGaN 层厚度;$e\varphi_0$ 为电极与 AlGaN 间的肖特基势垒;E_F 为费米能;E_c 为导带能位,即 AlGaN 和 GaN 间导带能差。界面 2DEG 电荷密度同 AlGaN 表面电荷密度间应存在平衡关系。AlGaN 表面可从周围环境中吸附电荷,这不仅改变其表面电荷密度,还能调节其表面电势,进而调节 AlGaN/GaN 异质结构界面 2DEG 浓度改变器件输出电流。这是 AlGaN/GaN 异质结构可用于 pH 溶液传感的基本原理。

AlGaN 表面的电荷吸附过程可由 Site-binding 模型加以说明。该模型最初被提出并用于解释氧化物对水溶液中离子的吸附过程。因为空气环境下表面氧化层 $Ga_x O_y$ 的存在,该模型现也被广泛用于理解 AlGaN/GaN 基 HEMT pH 传感器的工作原理,图 4-9 给出了本书所研究的 AlGaN/GaN 器件的表面 XPS 测量结果。533 eV 处的 XPS 峰对应 O 1s 能级,该峰位置与 $Ga_2 O_3$ 的参考谱峰位置相对应。此外,Ga 3d 峰也包含了 Ga—O 能级激发的成分,另外从图 4-9(b) 中的分峰中可以看到有少量的 $Al_2 O_3$,这与材料特性相符,因为 AlGaN 势垒层的 Al 组分为 0.25,所以表面 Al 的氧化物较少。

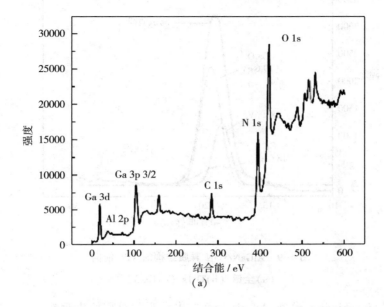

(a)

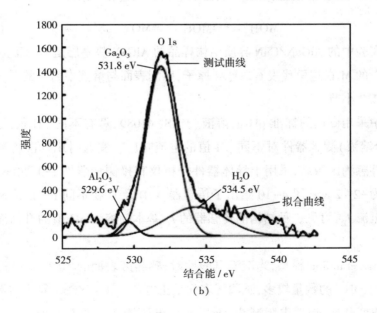

(b)

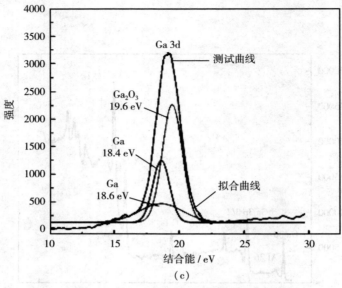

图 4-9 AlGaN/GaN 异质结构的 XPS 能谱

(a)全谱;(b)O 1s;(c)Ga 3d

根据 Site-binding 模型,AlGaN 表面的电荷吸附过程可表示为:

$$MOH_2^+ \underset{}{\overset{H^+}{\rightleftharpoons}} MOH \underset{}{\overset{OH^-}{\rightleftharpoons}} MO^- \tag{4-2}$$

本次实验中的 AlGaN/GaN 异质结构样品的 AlGaN 势垒层是 Ga 面生长,所以反应式中的 M 在这里代表 Ga 或 Al 原子,感测表面与溶液中离子的反应详细过程见 3.2.2 小节。

实验中采用商用的标准 pH 值溶液(MRS-41089,具有不同 pH 值的 HCl/NaOH 混合溶液)测试器件对不同 pH 值的电流响应。实验时用标准溶液液滴覆盖于器件感测区域后,采用半导体器件分析仪直接测量器件 $I-V$ 曲线,电压扫描范围为 $-2\sim2$ V。图 4-10 给出了传感器 A、B 及 C 在不同 pH 值溶液中的漏极输出电流 I_D,可见三种结构的传感器的 I_D 基本随溶液 pH 值的升高而呈下降趋势。

根据 Site-binding 模型,当溶液呈酸性时,感测区表面的 MOH 基团得到一个 H^+ 形成 MOH_2^+ 的数量较多,感测区表面呈正电荷,AlGaN/GaN 异质结构沟道中 2DEG 浓度升高,沟道电阻减小,漏极输出电流增大。随着溶液 pH 值的增大,MOH_2^+ 的数量减少,2DEG 浓度降低,漏极输出电流也随之减小。当溶液呈碱性时,MOH 基团倾向于释放一个 H⁺形成 MO⁻,此时感测表面呈负电荷,2DEG 浓度持续降低,漏极输出电流也继续减小。图 4-10 中三种器件的漏极输出电流在溶液 pH 值从 4 到 8 的变化中持续减小,与传感器 A 和 B 相比,具有多感测区的传感器 C 在不同的 pH 值溶液中电流变化量最大。这个变化趋势与前面的理论与分析一致。

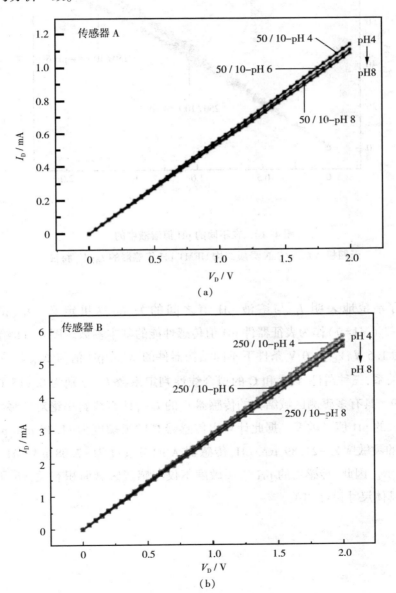

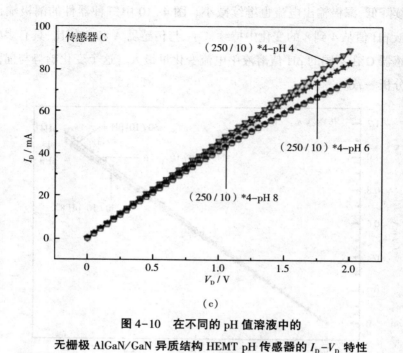

图 4-10　在不同的 pH 值溶液中的

无栅极 AlGaN/GaN 异质结构 HEMT pH 传感器的 I_D-V_D 特性

为了清楚地表明 I_D 与溶液 pH 值之间的关系,这里定义 $\Delta I_D(pH) = I_D(pH) - I_D(pH=7)$ 作为表征器件 pH 值传感性能的基本参数。图 4-11 给出了在 V_D 为 1.5 V,V_G 为 0 V 条件下不同结构器件的 ΔI_D。pH 值与 ΔI_D 具有较好的线性关系,三种器件 A、B 和 C 的拟合线性判定系数 R^2 分别为 0.915、0.987 和 0.989。具有多感测区域结构的传感器 C 的 I_D-pH 直线斜率绝对值最大,表现出最大的 pH 值灵敏度。据此计算出传感器 C 的灵敏度为 −1.35 mA/pH,传感器 B 的灵敏度为 −21.89 μA/pH,传感器 A 的灵敏度为 −7.08 μA/pH,如图 4-11 所示。因此,传感器的 pH 值灵敏度不仅与感测区域面积有关,还与感测区域的具体尺寸设计相关。

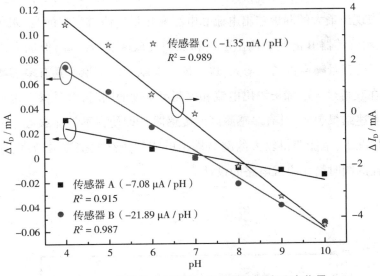

图 4-11　三种器件在不同的 pH 溶液中的电流变化量

　　根据漏极输出电流公式,W/L 值越大,漏极输出电流越大,这也从传感器 A 和 B 的性能中得到验证。传感器 A 和 B 具有相同的源漏间距和感测区长度,唯一不同的是感测区宽度,A 为 50 μm,B 为 250 μm。相较传感器 A 来说,传感器 B 表现出更大的漏极输出电流和探测灵敏度,尽管传感器 A 和 B 具有相同的 S_0/S_a(S_0 为感测区面积,S_a 为有源区面积)。这主要归功于传感器 B 较大的感测区宽度,但感测区宽度过大会导致的背景噪声增加,从而对探测性能造成负面影响。有文献研究表明,提高传感器的 S_0/S_a 值可提高其灵敏度。例如传感器 C,其材料结构和制备工艺与传感器 A 和 B 完全一样,但传感器 C 上有四个感测区,其中单个感测区的长和宽与传感器 B 相同,这样就提高了 S_0/S_a 的值。对于传感器 A 和 B 来说,S_0/S_a 值为 0.057,而传感器 C 高达 0.76。此外,相较于传感器 A 和 B,传感器 C 上的多个感测区设计显著缩短了源漏之间的距离,并有效抑制了非感测区域对沟道 2DEG 浓度带来的影响。

　　图 4-12 (a)和(b)是对三种传感器在不同 pH 值溶液中的电流响应的时间

分辨测试。从图4-12（a）中可以看出，三种传感器的漏极输出电流随着溶液 pH 值的增大而减小，这与图4-10 和图4-11 中的趋势一致。三种传感器中，传感器 C 表现出最大的漏极输出电流和电流变化量。值得一提的是，跟传感器 A 相比，虽然传感器 B 的漏极输出电流和探测灵敏度有所提高，但加大传感器感测区宽度后背景噪声也随之增大，这验证了文献中的结论。具有多感测区的传感器 C 在获得最大的漏极输出电流和探测灵敏度的同时，背景噪声也没有明显增大。上述结果表明，具有多感测区的传感器 C 即使在不外加参考电极和放大电路的情况下，也能获得较大的漏极输出电流和较高的探测灵敏度，这可以在降低功耗的同时简化集成电路的设计。

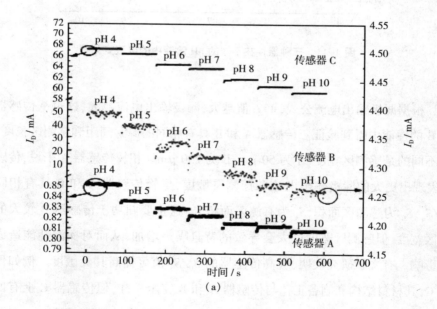

（a）

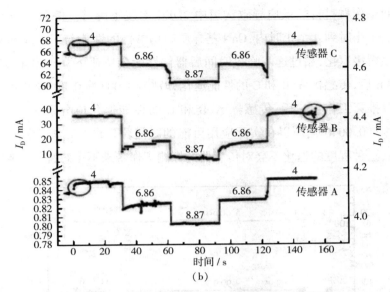

图 4-12　三种传感器在不同 pH 溶液中的电流响应；
（a）pH＝4～10 的漏极输出电流；（b）传感器对不同 pH 值电流响应的可逆性测试

图 4-13 给出了三种传感器在长时间负载工作后的性能评估测试。图中点 1 是空载初始测试的结果,点 2 是传感器在负载工作 10 h 后,经过清洗、吹干测得的空载电流,在点 1 和 2 之间的负载测试过程中,传感器经过数次清洗吹干,并测试了多个空载电流,从图中可以看出在点 1 和 2 之间,传感器的漏极输出电流在逐步退化。点 3 是长时间负载工作后的传感器经过 10 min 的恢复后的空载测试,点 4 为 12 h 后,点 5 为 24 h 后,点 6 为 204 h 后。

测试结果表明,传感器在经过 10 h 的负载工作后,性能有所退化,空载电流分别退化到初始电流的 93.1%（传感器 A）、99.3%（传感器 B）和 99.5%（传感器 C）。在第 3 点,即传感器恢复 10 min 后的测试,三种传感器性能几乎全部恢复。经过 24 h 和 204 h 后传感器具有稳定的漏极输出电流。上述测试表明,虽然传感器在长时间的工作后性能有所退化,但可在短时间内恢复,并可在长时间内保持稳定。

器件性能退化是 AlGaN/GaN 异质结构 HEMT 的常见问题之一,其原因是长时间工作后器件中 AlGaN 势垒层或表面位错,或者电激活性缺陷的浓度升高和长时间工作材料自热效应导致沟道中 2DEG 浓度下降等。一般而言在工作初期的一个小时到几个小时内，GaN 基异质结构器件的性能与工作时间基本呈线性关系缓慢退化，超过这一临界时间后器件性能会快速下降。图 4-13 结果显示，10 h 后，传感器 A、B 和 C 的性能退化分别为 0.003%、0.003% 和 0.040%，据此可以推算工作 1 h 后，传感器 A、B 和 C 的性能退化应分别为 0.0003%、0.0003% 和 0.0040%，所以在实际应用可能的时间窗口内（在本节中测试时间为 60 s），这种程度的退化不会对传感器的探测工作带来不可忽视的影响。

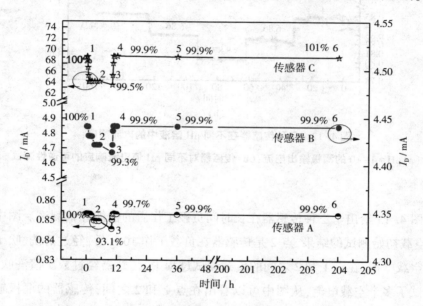

图 4-13　对三种传感器长时间负载工作后的稳定性和恢复性评估

4.4　小结

　　本章主要对 AlGaN/GaN 和 AlInN/GaN 两种异质结构的 HEMT pH 传感器进行了研究。首先介绍了几种 GaN 基异质结构 HEMT 传感器的理论模型，根据将要进行的实验和器件在实际应用中的情况，选择 Site-binding 模型。然后详细介绍了 Site-binding 模型的理论推导过程，并应用该理论模型对 GaN 基异质结构传感器对溶液 pH 值的探测过程进行了分析讨论。本章的研究内容主要分两部分,第一部分是对比研究了两种异质结构(AlGaN/GaN 和 AlInN/GaN)的 HEMT pH 传感器在不同 pH 值溶液中的感测性能。AlInN/GaN 异质结构器件表现出较高的漏极输出电流和感测灵敏度,并且具有更好的响应速度。两种异质结构的器件都表现出较好的器件稳定性和可恢复性。第二部分是提出了一种具有多感测区的 AlGaN/GaN 异质结构 HEMT pH 传感器,与传统的单感测区器件相比,在同样的外加电压下多感测器件对漏极输出电流和感测灵敏度具有较大幅度的提升,在整体感测区栅宽增加的同时,器件背景噪声没有明显增加。虽然在长时间工作后多感测区器件的电流偏移略大,但器件的整体性能较好,并且电流的退化是可恢复的,这保证了器件的可重复使用。

第 5 章　GaN 基异质结构 HEMT
pH 传感器优化设计

5.1　引言

ⅢA 族氮化物异质结构界面高迁移率 2DEG 的产生源于氮化物的压电极化和自发极化,因而该 2DEG 的浓度对表面电势场十分敏感,这构成了氮化物异质结构器件化学传感器的探测机制。AlGaN/GaN 异质结构的这一效应已被用于离子气体和极性液体等电荷极性物质的探测,实现了甲醇、丙醇和丙酮分辨的约 200% 的感测电流变化,表明了氮化物异质结构传感器的巨大潜力。就 pH 值感测而言,已有相关研究的结果尚未达到这一量级的感测电流变化,氮化物异质结构 pH 值传感器性能在灵敏度等重要性能上仍有较大提升空间。此前研究表明,氮化物异质结构传感器感测表面修饰和器件结构都对传感器的 pH 值探测性能存在明显影响,因而结构设计是进一步提升氮化物异质结构传感器 pH 值感测性能极具潜力的方法。在对无栅极 GaN 同质结构传感器和 AlGaN/GaN 异质结构传感器溶液 pH 值感测的研究中,Steinhoff 等人发现表面 Ga_xO_y 氧化层的引入有利于提高器件对水性溶液 pH 值的响应速度和敏感程度。Wang 等人在研究热处理温度对 GaN 和 AlGaN 器件溶液 pH 值感测性能的影响后指出,表面氧化层可增加器件中参与 H^+ 和 H_3O^+ 电荷感应的表面态密度。Anvari 等人通过理论计算分析得出氧化层、GaN 帽层和 AlGaN 势垒层的厚度会影响 GaN 基异质结构界面 2DEG 的迁移率,从而影响器件对溶液 pH 值的感测能力。

pH 值传感器通过器件活化表面与待测液体中离子间的相互作用实现探测功能,早期的氮化物 pH 传感器主要为无栅极结构,其优点在于可增大感测面积,但难以实现参考电极的设置。Xing 等人对 AlGaN/GaN 异质结构的研究表明,参考电极的结构参数对 pH 值测量的稳定性和精确性都具有显著影响,通过增加参考电极长度可提高器件的 pH 值探测性能。Kang 等人比较了自然氧化制备 Ga_xO_y 栅极、深紫外光臭氧氧化制备 Ga 氧化物栅极和 Sc_2O_3 栅极对 AlGaN/GaN 异质结构器件 pH 值探测性能的影响,发现 Sc_2O_3 栅极可大幅提高器件的 pH 值感测分辨率,在 pH=3～10 的范围内探测分辨率高于 0.1 pH,灵敏度达到 37 μA/pH;而自然氧化制备的 Ga_xO_y 栅极器件的分辨率接近 0.4 pH,但灵敏度可达 70 μA/pH;深紫外光臭氧制备的 Ga 氧化物栅极器件的分辨率接近 0.2 pH。同时,Podolska 等人发现无栅极 AlGaN/GaN 异质结构器件的 pH 值响应曲线呈 U 形而非有栅极结构器件中常观测到的理想的线形特征。进一步的研究表明,U 形曲线源于器件对液体中阳离子的选择性响应而非 pH 值响应,这一现象可通过 GaN 盖帽层予以避免,实现 pH 值线性响应。

综上所述,器件结构对氮化物异质结构器件的 pH 值探测性能具有显著的影响,合理设计和优化表面层及表面结构对于提高氮化物异质结构 pH 值传感器的灵敏度、稳定性和分辨率均具有重要意义。本章研究不同 AlGaN/GaN 和 AlInN/GaN 异质结构器件的 pH 值感测性能,探索结构参数对器件 pH 值感测性能的影响规律和机制,对器件结构进行优化,以期研发出具有高稳定性、高灵敏度的 pH 值传感器原型器件。前期研究工作已实现了无栅极结构器件的优化制备,实验观测到器件对水性溶液 pH 值的感测能力,且器件性能稳定。实验进一步顺利实施无疑将获得更多创新性成果,为开发高性能氮化物基 pH 值传感器奠定基础。

5.2　GaN 基 pH 传感器设计与工艺流程

一般而言,异质结构界面 2DEG 浓度越低,异质结构器件的传感性能越好。氮化物异质结构界面 2DEG 的电子迁移率和浓度与异质结构层厚、势垒层等结构密切相关。基于数值计算和模拟结果,采用金属有机化合物化学气相沉积(MOCVD)和分子束外延(MBE)技术生长制备两种异质结构器件。应用 XRD、

AFM、TEM 等表征手段对异质结构质量进行表征,系统优化了沉积速率等工艺参数,减少缺陷密度。本章研究内容在之前 GaN 基单感测区无栅极和多感测区无栅极传感器的基础上,设计了带有参考结构的 pH 传感器,并采用标准的 pH 值感测溶液对器件感测灵敏度、稳定性和不同 pH 值溶液的探测性能进行了表征。

基于优化后的异质结构,采用微加工工艺进行器件加工制备,具体包括酸碱溶液清洗、多步光刻图案化、离子束辅助自由基刻蚀(ICP)技术刻蚀多种金属化合物、反应离子刻蚀(RIE)技术刻蚀氧化物等介质层,采用等离子增强化学气相沉积(PECVD)技术生长多种介质掩模层和钝化层,应用原子层沉积(ALD)技术沉积高质量的介质层,采用电子束蒸发沉积(PVD)技术沉积多种金属形成接触电极。主要任务是优化器件刻蚀工艺和介质层沉积工艺,获得具有良好欧姆接触的高迁移率器件。具体的表征与工艺流程图如 5-1 所示。

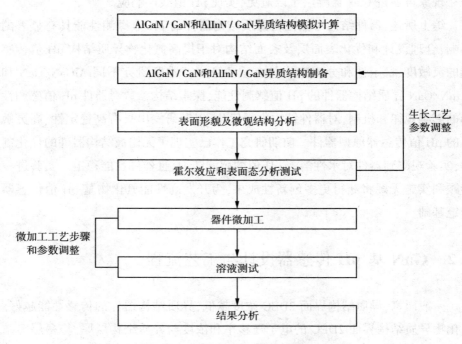

图 5-1　器件制备测试方案流程图

5.3　AlIn(Ga)N/GaN HEMT pH 传感器感测区优化

本章设计了一款带有参考结构的 AlGaN/GaN 异质结构 HEMT pH 传感器,具体的结构图如图 5-2 所示,其中图 5-2(a)是带有栅极的普通 AlGaN/GaN 异质结构 pH 传感器,图 5-2(b)是带有参考结构的 AlGaN/GaN 异质结构 pH 传感器。

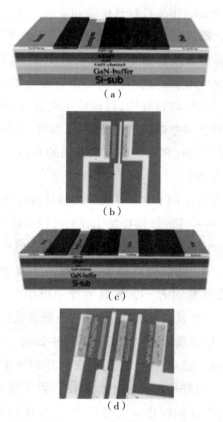

图 5-2　(a)、(b)普通的栅极 AlGaN/GaN 异质结构 pH 传感器的示意图和实物图片;
(c)、(d)带有参考结构的 AlGaN/GaN 异质结构 pH 传感器

本章中的器件均采用ⅢA－ⅤA 族中生长工艺比较成熟的 AlGaN/GaN 异质结构制备,其中 AlGaN/GaN 异质结构采用金属有机化学气相沉积(MOCVD)外延生长,衬底采用 Si 衬底,其中缓冲层 GaN 为 3.9 μm,1 nm 的 AlN 为提高外延

质量的插入层,沟道层厚度为 228 nm,势垒层为 19.1 nm, Al 的组分为 0.25,在势垒层顶端有 1.5 nm 厚的 GaN 盖帽层用来减小漏电并提高器件的电化学稳定性。通过霍尔测试可获得电子迁移率、载流子浓度和表面电阻,分别是 900 cm² · V⁻¹ · s⁻¹、1.3×10¹³ cm⁻² 和 522.6 Ω · sq⁻¹。器件采用标准的微加工工艺,其中包括刻蚀、光刻、沉积绝缘层和保护层等。欧姆金属接触采用 Ti/Al/Ni/Au(30 nm/150 nm/30 nm/100 nm)并在 850 ℃ N₂ 下退火 30 s 形成欧姆接触;蒸镀 Ni/Au(30/100 nm)作为肖特基接触和金属互联。最后生长 280 nm 的 SiN 作为钝化保护层。器件的感测区开窗采用反应离子刻蚀掉 SiN 层,露出 AlGaN 感测区。最后器件成品如图 5-2(b)和图 5-2(d)所示。两种结构具有尺寸相同的感测区(250×30 μm²),不同的是带有参考结构的器件的参考器件上没有感测区。在测试器件的过程中,器件的电路连接如图 5-4 所示,它们的外接电压是相同的。对于参考器件来说,感测区器件与参考器件的连接方式为并联。为了方便后续的介绍,在此我们定义普通的 GaN 基 pH 传感器为 WOT,带有参考结构的器件为 WT。

图 5-3 是两种器件在不同 pH 值溶液中的转移特性和跨导特性,栅电压的扫描范围为 -5~1 V。从器件的转移特性中我们可以看出,随着溶液 pH 值的升高,器件的输出电流减小,这与前面的理论分析一致。然而,对于没有参考结构的器件来说,由它的 I_D-V_G 曲线可以明显看出有一些波动,而与此形成对比的是,带有参考结构的传感器的 I_D-V_G 曲线的波动很小,表现出更好的稳定性。值得一提的是,对于很多外置的参考电极来讲,一般是施加的电压都比较小,不管是外置的参考电极,还是集成。笔者在测试中发现,当栅极电压增大时,器件在侦测过程的电流输出稳定性会变差,但在同样的外部电压环境下,带有参考结构的器件就表现出较好的电流输出稳定性。为了更好地表征出传感器的输出电压波动,笔者对器件的转移特性进行求导,并得出两种器件的跨导特性曲线。对于 HEMT 器件来说,跨导特性为漏极输出电流随栅极电压的变化率。可以从 I_D-V_G 的曲线中求一阶导数取得,具体如图 5-3 中的插图所示。从 WOT 器件的转移特性中可以看出,WOT 的曲线点更加分散,而 WT 器件的跨导曲线则更加平滑。两种器件跨导的拟合曲线对应的相关系数平方(RSQ)可以用来量化评估输出电流的波动率。RSQ 越接近 1,代表波动越小,器件性能越稳定。

这里定义性能稳定系数 S=RSQ,对于改进型结构,对三种 pH 值溶液 pH=

4、pH＝6 和 pH＝9 对应的稳定性系数分别为 0.97、0.99 和 0.98。在这里定义下面这个公式来估算改进结构对器件输出电流稳定性的增加量：

$$\Delta S = (\mathrm{WT_{RSQ}} - \mathrm{WOT_{RSQ}}) / \mathrm{WOT_{RSQ}} \tag{5-1}$$

通过上面公式算出三种 pH 值的 ΔS 分别为 21.25%、16.87% 和 19.51%，因此我们可以说参考结构可有效降低输出电流的波动。

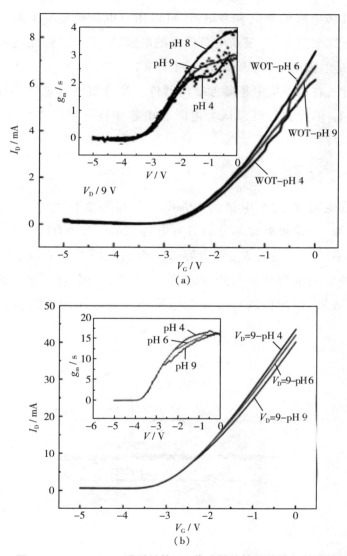

图 5-3　AlGaN/GaN 异质结构 pH 传感器的转移特性和跨导特性

（a）普通 pH 传感器（WOT）；（b）带有参考结构的 pH 传感器（WT）

下面就参考结构如何改进器件的稳定性的工作机制进行分析,图 5-4 为两种器件的等效电路,其中图 5-4(a)为普通结构 WOT 器件,图 5-4(b) 为带有参考结构的 WT 器件。V_{ref} 是栅电压,V_D 是漏极电压,R_s 和 R_D 分别是源极和漏极的内部材料电阻,C_a 和 R_a 分别代表栅极到感测区的电容和电阻。从图 5-4(a)的等效电路中可以看出,栅极相当于普通无栅极 GaN 异质结构 pH 传感器的集成参考电极,可以用双电荷层模型来解释它的工作过程,基于这个模型,C_j 是双电荷模型的电容,R_t 是电荷传输电阻。C_j 与 R_t 并联,R_{sl} 是溶液电阻,与 R_t 串联。对于 WT 器件,如图 5-4(b)所示,左边是感测器件,右边虚框中是参考结构器件。参考器件与感测器件制备在同一个晶片上,因此我们可以认为电阻和电容相同。根据双电层模型,传感器的阻抗为:

$$Z = Z_{resistor} + Z_{capacitor} = \frac{R+1}{jwC} \qquad (5-2)$$

其中,实部为电阻 R,虚部电抗为 $1/jwC$,w 为与频率有关的参数,在本书中频率是常数,因此影响虚部值的只有电容值 C。与 WOT 器件相比,WT 器件相当于多了一个电阻 R_{g2} 和电容 C_{g2},并且与感测器并联。当它们相互并联时,整体的电容值会上升,电阻值会下降。一个较大的电容将具有更好的整流效果,由此可以有效降低电噪声。而较小的电阻值可提高响应速度。

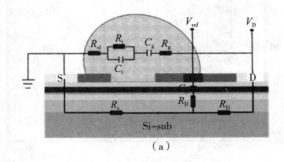

(a)

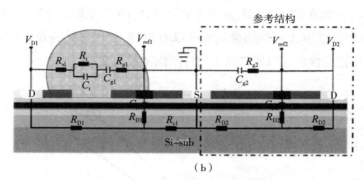

（b）

图 5-4 两种器件的等效电路示意图

（a）普通 pH 传感器（WOT）；（b）带有参考结构的 pH 传感器（WT）

两种结构的器件在不同 pH 值中的 I_D-V_D 特性如图 5-5 所示，输出电流 I_D 随着 pH 值的增加而减小。从两种器件的转移特性上来讲，WT 器件输出特性曲线表现出更小的波动性。除此之外，我们还可以观察到，带有参考结构的器件输出电流更高一些，因为感测器件在多了一个参考器件并联后，器件整体的阻抗更低。

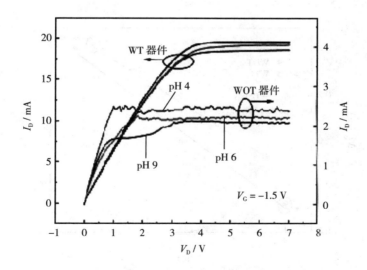

图 5-5 栅极电压为-1.5 V 时两种器件的输出特性曲线

图 5-6 给出了不同 pH 值下栅极电压和漏极电流的变化量，并通过线性拟合得到两种器件的感测灵敏度。对于 WOT 器件，它的灵敏度分别为

49.43 mV/pH 和 0.17 mA/pH；对于 WT 器件，它的灵敏度分别为 54.38 mV/pH 和 0.17 mA/pH。从上面的结果我们可以看出，经过优化结构设计的器件在提高器件工作稳定性的同时还提高了器件的探测灵敏度。

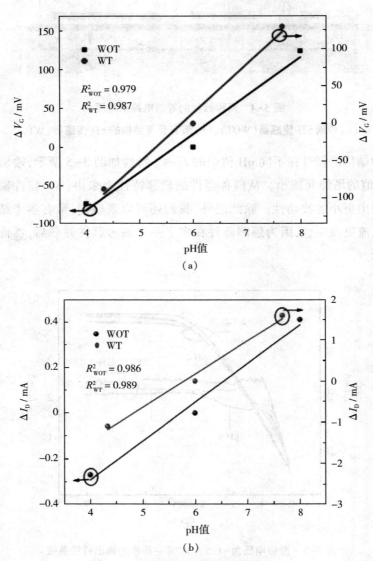

图 5-6　两种器件在不同的 pH 值溶液中

（a）栅极电压的变化量与（b）漏极输出电流的变化量

5.4　小结

本章在无栅极 AlGaN/GaN 异质结构 HEMT pH 传感器制备的基础上,对其结构进行了优化和改进,提出了带有参考结构的优化设计。对几种 pH 传感器进行比较之后,并根据感测表面的材料最终采用 Site-binding 模型对传感器进行分析。采用该模型对溶液离子与感测表面的反应以及表面势的变化对器件漏极输出电流的影响进行了分析。测试结果表明,经过优化设计提出的带有参考结构的新型传感器表现出更大的漏极输出电流、更高的灵敏度和更好的稳定性。同时采用双电层模型和等效电路分析了带有参考结构的传感器的感测过程和对性能的改善。

第 6 章　$LaAlO_3$ / $SrTiO_3$ 异质结构 pH 传感器

6.1　引言

钙钛矿一般为立方体或者八面体形状,具有金属光泽,颜色从浅色到棕色,可用于提炼钛、铌和稀土元素。钙钛矿其结构通常包括简单钙钛矿结构、双钙钛矿结构和层状钙钛矿结构。层状钙钛矿结构组成较复杂,研究较多的是具有超导性质和三方层状的钙钛矿,研究最多的是组成为钙钛矿结构类型的化合物。

钙钛矿型复合氧化物 ABO_3 是一种具有独特物理性质和化学性质的新型无机非金属材料,A 位一般为稀土元素或碱土元素离子,B 位为过渡元素离子,A 位和 B 位皆可被半径相近的其他金属离子部分取代而保持其晶体结构基本不变,因此在理论上它是研究催化剂表面及催化性能的理想样品。由于这类化合物具有稳定的晶体结构、独特的电磁性能以及很高的氧化还原、氢解、异构化、电催化等活性,因此作为一种新型的功能材料,在环境保护和工业催化等领域具有很大的开发潜力。钙钛矿复合氧化物具有独特的晶体结构,尤其经掺杂后形成的晶体缺陷结构和性能,或可被应用在固体燃料电池、固体电解质、传感器、高温加热材料、固体电阻器及替代贵金属的氧化还原催化剂等领域,成为化学、物理和材料等领域的研究热点。

6.2　脉冲激光沉积薄膜生长技术

脉冲激光沉积(PLD)是一种利用激光对物体进行轰击,然后将轰击出的物质沉淀在衬底上,得到沉淀或者薄膜的一种材料制备方法。

　　长期以来,人们发明了多种制膜技术和方法,如真空蒸发沉积、离子束溅射、磁控溅射沉积、分子束外延、金属有机化学气相沉积、溶胶-凝胶等。上述方法各有特点,并在很多领域得到应用。但由于其各有局限性,仍然不能满足薄膜研究的发展及多种薄膜制备的需要。随着激光技术和设备的发展,特别是高功率脉冲激光技术的发展,PLD 技术的特点逐渐被人们认识和接受。陶瓷氧化物、氮化物膜、金属多层膜,以及各种超晶格都可以用 PLD 来制作。近来亦有研究指出,利用 PLD 技术可以合成纳米管、纳米粉末,以及量子点。关于复制能力、大面积递增及多级数的相关生产议题,也已经有人开始讨论。因此,薄膜制造在工业上可以说已迈入新纪元。

　　PLD 的系统设备简单,相反,它的原理却非常复杂。它涉及高能量脉冲辐射冲击固体靶时,激光与物质之间的所有物理相互作用,包括等离子羽状物的形成、其后已熔化的物质通过等离子羽状物到达已加热的基片表面的转移以及最后的膜生成过程。PLD 系统的设备较简单,原理示意图如图 6-1 所示。PLD 系统主要包括激光源、靶材旋转、衬底旋转及加热、气氛提供和真空获得几个结构单元。PLD 薄膜沉积一般可以分为以下四个阶段:(1)激光辐射与靶的相互作用;(2)熔化物质在空间飞行及与激光的相互作用;(3)熔化物质在衬底基片上沉积运动;(4)薄膜在衬底基片表面的成核与生长。

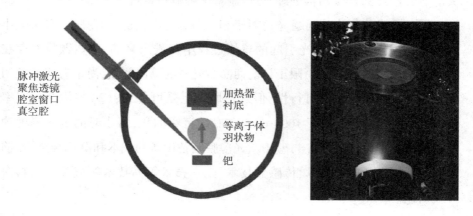

图 6-1　PLD 系统原理图和腔室内工作图

　　下面详细介绍 PLD 四个阶段的工作过程:

　　在第一阶段,激光束聚焦在靶的表面。达到足够的高能量通量与短脉冲宽度时,靶表面的一切元素会快速受热,到达蒸发温度。物质会从靶中分离出来,而蒸发出来的物质的成分与靶的化学计量相同。物质的瞬时熔化率取决于激光照射到靶上的流量。熔化机制涉及许多复杂的物理现象,如碰撞、热、与电子的激发、层离,以及流体力学。

在第二阶段,根据气体动力学定律,发射出来的物质有向基片移动的倾向,并出现向前散射峰化现象。激光光斑的面积与等离子的温度对沉积膜是否均匀有重要的影响。靶与基片的距离是另一个因素,支配熔化物质的角度范围。

第三和第四阶段是决定薄膜质量的关键。放射出的高能核素碰击基片表面,可能对基片造成各种破坏。高能核素溅射表面的部分原子,而在入射流与受溅射原子之间建立一个碰撞区。膜在这个热能区(碰撞区)形成后立即生成,这个区域正好成为凝结粒子的最佳场所。只要凝结率比受溅射粒子的释放率高,热平衡状况便能够快速达到,由于熔化粒子流减弱,膜便能在基片表面生成。

PLD 技术的优点:(1)易获得期望化学计量比的多组分薄膜,即具有良好的保成分性;(2)沉积速率高,试验周期短,衬底温度要求低,所制备的薄膜均匀;(3)工艺参数可任意调节,对靶材的种类没有限制;(4)发展潜力巨大,具有极大的兼容性;(5)便于清洁处理,可以制备多种薄膜材料。

PLD 技术待解决的问题:(1)对于相当多的材料,沉积的薄膜中有熔融小颗粒或靶材碎片,这是在激光引起的爆炸过程中喷溅出来的,这些颗粒的存在大大降低了薄膜的质量;(2)限于目前商品激光器的输出能量,尚未有实验证明激光法用于大面积沉积的可行性,但这在原理上是可能的;(3)平均沉积速率较慢,随淀积材料不同,对于 $1000 \ mm^2$ 左右的沉积面积,每小时的沉积厚度约在几百纳米到 1 微米范围;(4)鉴于激光薄膜制备设备的成本和沉积规模,目前看来它只适用于微电子技术、传感器技术、光学技术等高技术领域及新材料薄膜开发研制。

6.3 SrTiO$_3$ 衬底与生长前衬底表面活化及台阶化处理

SrTiO$_3$ 衬底具有钙钛矿结构材料所具备的良好晶格结构,化学稳定性高,且具有很高的介电常数(9.8)和熔点(2080 ℃),已被广泛应用于外延生长高温超导体和绝大多数氧化物薄膜。

SrTiO₃ 具有立方晶体结构,晶格常数为 3.905 Å,SrTiO₃ 可看作由 SrO 层和 TiO₂ 层间隔逐层堆叠而成。已有研究表明,大多数钙钛矿结构氧化物薄膜在 TiO₂ 层上具有更好的生长质量,同时也发现对于部分氧化物而言,在 SrO 层和 TiO₂ 层开始生长的界面性能有所差异。衬底基片是薄膜形核生长的起始环境,其表面化学键的活性程度、表面形貌都是决定薄膜最终质量的关键因素。一般而言,清洁活化、原子尺度光滑和结构有序的衬底表面是外延生长出高品质薄膜的必需条件。实际操作中,经机械化学抛光,外购衬底表面仍存在一定的残余应变层,该层内原子排布结构遭到破坏,偏离衬底理想的原子构型,长时间封存后衬底的表面悬挂键也易与环境中小分子形成键合,造成表面活性降低,同时一般外购衬底的表面并无利于薄膜二维生长的原子尺度光滑台阶,所以在薄膜生长前,需对外购衬底进行表面台阶化处理及表面活化处理。

实验证明,Sr 元素的水解能力远高于 Ti 的水解能力,基于这一路线,获得 TiO₂ 表面的基本方法采用水溶处理。工艺流程是在腐蚀处理前直接在 70 ℃ 左右的去离子水中浸泡一定时间,去除 SrO 层。具体的工艺流程图如 6-2 所示。

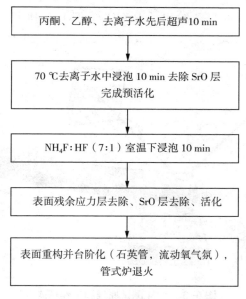

图 6-2　SrTiO₃ 衬底台阶化处理工艺流程

6.4 分析测试方法

6.4.1 表面形貌表征(AFM)

材料或者薄膜的表面形貌表征是评估其外延质量的重要技术手段。原子力显微镜(AFM)在研究材料表面的原子级形貌方面有着非常广泛的应用。与传统的扫描电镜相比,AFM 具有较高的横向和纵向分辨率。一般情况下,AFM 的横向分辨率可达到 0.1~0.2 nm,纵向分辨率可达到 0.01 nm,并且是空间的三维图,有很大的景深和对比度。AFM 采用一个一端固定而另一端装有原子力探针的弹性悬臂来检测样品的表面形貌或者其他表面性质。当探针扫描时,针尖和样品之间的相互作用力(吸引或排斥)会引起悬臂发生形变。一束激光照射到悬臂的背面,悬臂将激光束发射到一个光电探测器上,探测器不同象限接收到的激光强度差值同悬臂的形变信号转换成可测量的光电信号。通过测量探测器电压对应样品扫描位置的变化,就可以获得样品表面形貌的图像。具体原理如图 6-3 所示。图 6-3 给出了 $LaAlO_3/SrTiO_3$ 二维和三维表面形貌 AFM 照片。

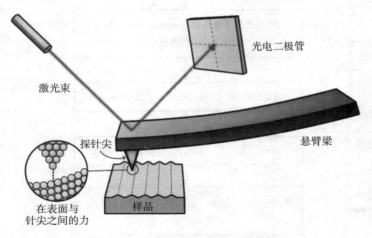

图 6-3　AFM 测试原理和工作模式

6.4.2　高分辨 X 射线衍射仪(HRXRD)

HRXRD 技术是目前材料研究领域的一个非常重要的表征工具,它主要以半导体单晶材料和各种低维半导体异质结为主要研究对象。HRXRD 通过晶体对 X 射线的衍射现象来探讨晶体内部结构和缺陷。在各种测量方法中,X 射线衍射方法具有对样品无损伤、无污染、高效和精度较高的优点。其基本原理就是布拉格定律: $2d\sin\theta = n\lambda$, 其中 λ 为 X 射线的波长, n 为衍射峰的级数, d 和 θ 分别为晶面间距和布拉格反射角。在进行测试时,只有满足布拉格公式的晶面才有可能发生衍射现象。本章利用 HRXRD 对薄膜的相结构、单晶质量进行初步表征。

6.4.3　透射电子显微镜(TEM)

TEM 的原理与光学显微镜的原理相同,两者都包含一系列的透镜用于放大样品,但其优势在于能达到 0.15 nm 高分辨率。加上电子能量损失分析及 X 射线探测后,被称为分析透射电子显微镜(AEM)。TEM 为一竖直的圆柱体结构,主要分为三个部分:电子光学部分、电子学控制部分和真空部分。本章采用 TEM 对薄膜厚度、外延位相及结构进行仔细表征。

6.4.4　电输运性能表征(PPMS)

采用 9T-PPMS 综合物性测量系统,可在低温和强磁场的背景下测量材料的直流磁化强度、交流磁化率、直流电阻、交流输运性质、比热、热传导率和扭矩磁化率等综合测量系统。

一个完整的 PPMS 系统也是由一个基本系统和各种选件两个部分构成,根据内部集成的超导磁体的大小基系统分为 7 特斯拉、9 特斯拉、14 特斯拉和 16 特斯拉系统。但与 MPMS 专注于磁测量不同,PPMS 在基系统搭建的湿度和磁场平台上,利用各种选件进行磁测量、电输运测量、热学参数测量和热电输运测量。基本系统主要包括软件操作系统、温控系统、磁场控制系统、样品操作系统和气体控制系统。

电输运系统表征中包括了霍尔测试,霍尔效应测量采用标准的霍尔构型,具体结构见图 6-4。

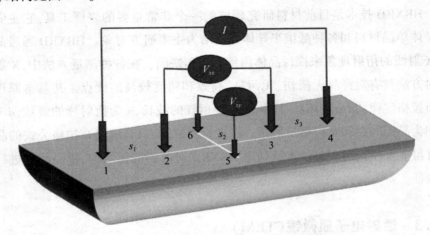

图 6-4　测量薄膜电阻与霍尔电阻的四探针法

其中电流 I 由一恒流源提供。根据点源叠加原理,图 6-4 中任意一点的电位应是不同点电源在该处引起电位的总和,探针 2、3 的电位由此可表示为:

$$V_2 = \frac{q}{s_1} - \frac{q}{s_2 + s_3} \qquad (6-1)$$

$$V_3 = \frac{q}{s_1 + s_2} - \frac{q}{s_3} \qquad (6-2)$$

式中,q 为电流 I 的强度,ρ 为材料电阻率,这样探针 2、3 之间电位差为:

$$V_{xx} = V_2 - V_3 = \frac{I\rho}{2\pi}\left(\frac{1}{s_1} + \frac{1}{s_2} - \frac{1}{s_1 + s_2} - \frac{1}{s_2 + s_3}\right) \qquad (6-3)$$

当设置探针间距相等为 s 时,有:

$$\rho = 2\pi s \frac{V_{xx}}{I} \qquad (6-4)$$

其中,前置因子 $2\pi s$ 被称为探针系数。当样品厚度及边缘到任一探针距离大于 4 倍探针距离时,该式具有足够的准确度。

当样品厚度远小于探针距离(薄膜材料),即 $d \ll s/2$ 时,点电源注入薄膜的等电位面将变成等电位环,此时薄膜的电阻率可表示为:

$$\rho = \frac{\pi d}{\ln 2}\left(\frac{V_{xx}}{I}\right) \approx 4.532 d\left(\frac{V_{xx}}{I}\right) \tag{6-5}$$

其中，$R_{xy} = 4.532 V_{xx}/I$ 被称作薄膜的方块电阻。

针对单载流子材料的载流子浓度和迁移率可由霍尔效应结合电阻率测量获得。霍尔电阻可被定义为：

$$R_{xy} = \frac{V_{xy}}{I} \tag{6-6}$$

电子载流子材料对应霍尔电阻为负，空穴载流子对应霍尔电阻为正。进一步可定义薄膜材料的霍尔系数为：

$$R_{\mathrm{H}} = d\frac{R_{xy}}{B} \tag{6-7}$$

根据霍尔效应产生机制，薄膜材料的载流子迁移率可表示为：

$$\mu_{\mathrm{H}} = R_{\mathrm{H}}\sigma = d\frac{V_{xy}}{IB} \cdot \frac{1}{4.532 d}\frac{1}{V_{xx}} = \frac{1}{4.532 B}\frac{V_{xy}}{V_{xx}} \tag{6-8}$$

而载流子浓度则为：

$$n_{\mathrm{H}} = \frac{1}{eR_{\mathrm{H}}} = \frac{BI}{edV_{xy}} \tag{6-9}$$

6.5　$LaAlO_3/SrTiO_3$ 异质结构 pH 传感器研究现状

在前面的章节中已经对现有的商用 pH 传感器存在的问题进行了表述，这里就不再赘述。作为第三代半导体的代表性材料 GaN 异质结构器件，虽然具有耐高温、耐腐蚀等优点，已有生物传感器、压力传感器和溶液传感器等相关尝试，但其材料结构复杂、生长工艺复杂、设备昂贵；同时由于生长工艺限制，现有 GaN 基异质结构器件的长期工作稳定性仍有待提高。与传统的硅基器件相比，第三代半导体材料器件成本较高，商用化难度大。

近年来在以 $LaAlO_3/S_2TiO_3$（LAO/STO）为代表的钙钛矿氧化物异质结构界面中新发现的 2DEG 具有同第三代半导体异质结构器件 2DEG 相比拟的优异性能，其浓度在 $1013~cm^{-2}$ 量级，赋予其良好的门电压可控性和对极性离子电场的敏感性，为研发新型 pH 溶液传感器打开了一扇窗。STO 与 LAO 材料本身是绝缘体,具有较大的禁带宽度,因此具有很好的化学稳定性和高温稳定性,相关器件可应用于重污染工业溶液检测、航空航天液体检测等极端工况的要求。STO、LAO 材料无毒,是环境友好材料,具有很好的生物兼容性,在生物医药的检测方面也有很好的应用前景。Ngai Yui 等人在 2014 年发现 LAO/STO 异质结构可在室温和较高温度(80 ℃)下对不同浓度氢气进行探测,同时对丙酮、乙醇等有机溶剂气体亦有一定响应。

$LaAlO_3/SrTiO_3$ 两种绝缘体的界面处形成的 2DEG 的迁移率可与 GaN 异质结构器件中的 2DEG 相媲美,高达 104 $cm^2 \cdot V^{-1} \cdot s^{-1}$。理论和实验表明,该 2DEG 的产生机制类似于 GaN 基异质结构器件,源于 $LaAlO_3$ 中极化电子势场坍塌所导致的电荷转移,因此 LAO/STO 异质结构中 2DEG 的形成、迁移率和浓度均受 $LaAlO_3$ 层厚度的调控。同时实验也发现该 2DEG 的形成需要 $SrTiO_3$ 衬底具有 TiO_2 终结层。这对相关器件的生长控制能力和工艺提出了较高要求。笔者课题组已掌握了制备 TiO_2 终结层 STO 衬底的化学腐蚀工艺和在单胞尺度精密可控快速制备 LAO/STO 异质结构外延薄膜的 PLD 工艺,并对该异质结构界面 2DEG 的基本物理性质进行了大量研究。LAO 表面电势场的改变可以明显影响 LAO 内部极化电子势场的强度,从而改变界面 2DEG 的浓度和迁移率。在一定的源漏极电流作用下,即可形成可探测的电压变化,满足传感器的测量原理。同时 LAO 层厚度和金属电极材料的选择及制备工艺也对探测灵敏度存在影响。

LAO/STO 异质结构和纳米结构属于凝聚态物理和材料物理的交叉领域,具有丰富而又复杂的氧化物和半导体异质结构界面纳米结构,如图 6-5 所示。对于 $LaAlO_3$ 和 $SrTiO_3$ 来说都属于钙钛矿型晶体结构。$SrTiO_3$ 是非极性氧化物,在室温下晶格常数为 3.905 Å,由 $(SrO)^0$ 和 $(TiO_2)^0$ 相互交替堆叠而成,禁带宽度为 3.25 eV,是很多氧化物超导体材料的生长衬底。$LaAlO_3$ 是极性氧化物,由 $(LaO)^+$ 和 $(AlO_2)^-$ 交替组成,在室温下晶格常数为 3.791 Å,赝晶立方结构,Mott 绝缘体,禁带宽度为 5.6 eV。当 $LaAlO_3$ 薄于 15 个分子层厚度时,可以在 $SrTiO_3$ 实现外延生长。由于 $LaAlO_3$ 与 $SrTiO_3$ 之间的晶格常数相差较小,因此晶格失配度仅为 3% 左右,从而获得较高质量的 $LaAlO_3/SrTiO_3$ 异质结构。一般情况下制备这种异质结构的方法有两种,一是脉冲激光沉积(PLD),另一种是分子束外延技术(MBE)。

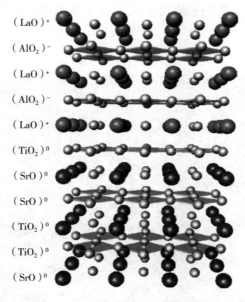

（LaO)⁺
（AlO₂)⁻
（LaO)⁺
（AlO₂)⁻
（LaO)⁺
（TiO₂)⁰
（SrO)⁰
（SrO)⁰
（TiO₂)⁰
（TiO₂)⁰
（SrO)⁰

图 6-5 LaAlO₃/SrTiO₃ 异质结构图

随着外延技术的发展,先进的薄膜制备技术可以实现精准的原子层精度的膜厚控制,并从这种异质结构中发现了新的物理特性。Hwang 首次在 LaAlO₃/SrTiO₃ 界面中观察到电子转移特性,而且只有以 TiO₂ 为终止表面的 SrTiO₃ 才能形成导电界面。1994 年,Masashi Kawasalci 首次尝试了精确控制外延技术,对于新的生长技术的发展最显著的是激光烧蚀技术和脉冲激光沉积技术。近年来发展出的还有分子束外延技术,可实现大块前体延生的各种氧化物薄膜的制备。Rijnden 等人采用反射高能电子衍射(RHEED)技术实现原位监测技术,可用来实时监测氧化膜的生长。2004 年,Ohtomo 和 Hwang 首次报道了在 SrTiO₃ 和 LaAlO₃ 界面间存在高电子迁移率的 2DEG。由于 SrTiO₃ 和 LaAlO₃ 都属于绝缘材料,当 LaAlO₃ 以适当厚度沉积在 SrTiO₃ 上面时,可在导电界面形成高电子迁移率的 2DEG,而且只有 SrTiO₃ 衬底以 TiO₂ 为中止界面时才能形成,而以 SrO 为中止界面时,界面间仍然是绝缘的。

LaAlO₃/SrTiO₃ 异质结构的许多新的特性都是由于界面处原子层排列变化及电荷不连续等因素造成的。对于 SrTiO₃ 和 LaAlO₃ 而言,自从界面导电的最初报告以来,一直有关于 2DEG 起源的争论,但这并不妨碍研究人员对其在实用领域的探索。图 6-6 给出了氧化物异质结构的物理特性和相关的实际应用。

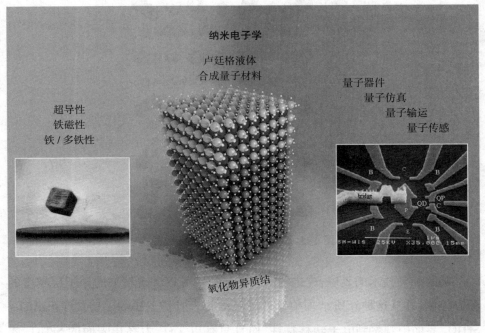

图 6-6　氧化物异质结构的新颖物理特性及器件应用

例如,Förg 等人采用微加工工艺制备了 LAO/STO 场效应晶体管,他们应用电子束曝光光刻和 AFM 尖端下的场效应将器件尺寸缩小到纳米尺度,从而可以更好地与集成电路结合,减小芯片的尺寸。为了验证 LAO/STO 异质结构界面处的导电沟道是否来源于极化效应,Rang 和 Liu 等人在静水压力下测试了晶体管的性能。他们对 LAO/STO 场效应晶体管施加了 1.8 GPa 的静水压力,测试结果表明,这种压力近似补偿了 LAO 层的外延应变,而且这种压力引起的电子系统变化是可逆的。图 6-7 为器件示意图和在不同的静水压力下的器件性能。

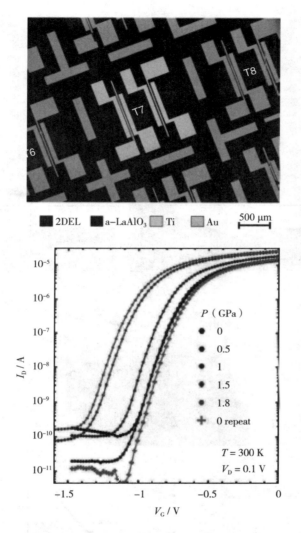

图 6-7　LAO/STO 异质结构场效应晶体管的(a)显微镜图片和(b)在不同静水压力下的 I_D

　　Lukas 等人在静水压力测试的基础上增加了温度测试,以此来研究压力和温度对 LAO/STO 异质结构界面处 2DEG 浓度和电子迁移率的影响。Liang 等人对 LAO/STO 异质结构的光伏效应进行了测试和研究,通过新颖的光伏器件设计,确定了在 STO 上超薄的 LAO 薄膜中残余极性电位的存在,并指出这一效应使得 LAO/STO 异质结构在光电效应和传感器方面潜在的应用价值。图 6-8 为异质结构能带图、器件示意图和性能输出曲线。

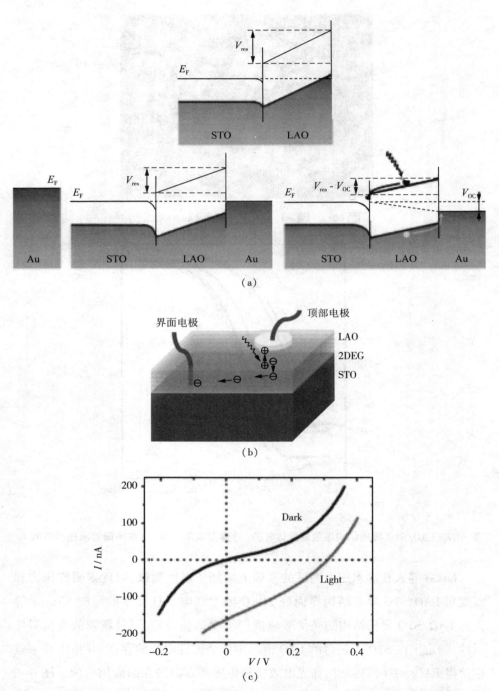

图 6-8　LAO/STO 异质结构在不同的光照下的(a)能带图、(b)器件示意图和(c)性能曲线图

　　Chan 等人研究了 LAO/STO 在气体监测方面的应用,如图 6-9 所示。他们在感测表面蒸镀了钯纳米粒子,实现了对氢气、水分子以及有机溶剂(酒精、丙酮)的检测。关于 LAO/STO 异质结构的器件应用方面,除了上述提到的场效应晶体管、光电检测以及气体检测外,Daniela 还提出由于 LAO/STO 异质结构的极化效应,可用来实现纳米尺度的可写入和擦除存储器。

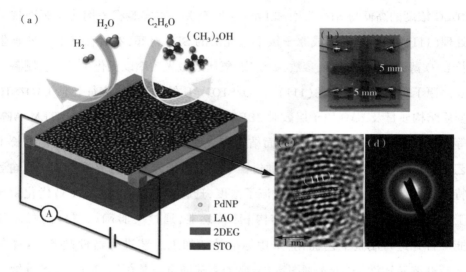

图 6-9　LAO/STO 器件经过 Pd 金属功能化的(a)示意图、(b)器件实物图片和(c)、(d)选区电子衍射

　　综上所述,相较其他半导体材料异质结器件而言,基于 LAO/STO 异质结构界面 2DEG 的器件应用研发仍处于起步阶段,大量新功能器件和相关机制亟待研究。针对这一需求,基于之前已进行的 LAO 厚度对 LAO/STO 异质结构界面 2DEG 影响和 LAO/STO 异质材料用于 pH 值感测的初步探索,本章创新性地提出相关 pH 传感器的研发设计和实验验证这一研究。实验的顺利进行将为氧化物异质结构在传感器领域的应用提供实验和理论基础。

　　本章基于 LaAlO₃/SrTiO₃ 界面 2DEG 的 pH 传感器原型器件,采用 PLD 技术生长原子层厚度 LaAlO₃/SrTiO₃ 异质结构外延薄膜,应用标准的微加工工艺制备无栅极晶体管器件,测试其在不同 pH 值的溶液中器件的响应行为和稳定性,研究 LaAlO₃ 厚度、器件结构等参数对其 pH 值探测能力的影响。

本章实验中 LAO/STO 异质结构器件材料的制备与工艺流程如下:(1)采用 PLD 技术在(111)方向生长 LAO/STO 异质结构。一般而言,异质结构界面 2DEG 浓度越低,异质结构器件的传感性能越好。LAO/STO 异质结构界面中 2DEG 浓度的高低与 STO 表面和 LAO 层厚有关。本实验将采用化学腐蚀技术处理(111)-STO 使其形成原子级平整光滑的 STO 衬底,然后在其上面外延生长 LAO 薄膜,并调节生长参数,如温度、氧压及激光频率以优化生长工艺制备出表面原子级别光滑平整的(111)-LAO/STO 异质结构。(2)表征评估 LAO/STO 异质结构质量及 LAO 原子层数对 2DEG 浓度的影响。通过 XRD、HRTEM、AFM 等表征技术表征其晶体结构、界面结构和表面形貌,根据表征结果优化生长工艺,提高异质结构质量。进一步通过霍尔效应表征异质结构界面 2DEG 的输运特性,获得不同 LAO 层数下的载流子浓度,迁移率等基本参数。(3)优化微加工工艺并制备 LAO/STO 异质结构 pH 传感器,通过实验确认器件的感测性能。首先进行制备工艺优化:采用标准的微加工工艺进行器件制备,具体包括酸碱溶液清洗、多步光刻图案化、离子束辅助自由基刻蚀(ICP)技术刻蚀金属化合物、反应离子刻蚀(RIE)技术刻蚀氧化物等介质层,采用等离子增强化学气相沉积(PECVD)来生长介质掩模层和钝化层,应用原子层沉积(ALD)技术沉积高质量的介质层,采用电子束蒸发沉积(PVD)技术沉积多种金属形成接触电极。该阶段主要任务是优化器件刻蚀工艺和介质层沉积工艺,获得具有低接触电阻的良好欧姆接触和高质量的介质层。器件采用无栅极单感测区设计,应用标准商用 pH 感测溶液对器件的 pH 值感测灵敏度、稳定性和 pH 值响应曲线等感测性能进行表征研究。图 6-10 给出了器件制备技术路线与实施方案。

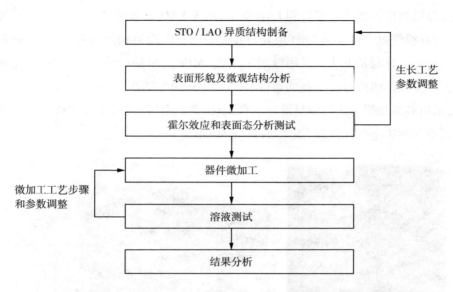

图 6-10 LAO/STO 器件材料的制备与微加工工艺流程示意图

6.6 测试结果与讨论

本章利用不同厚度 LAO 层的 LAO/STO 异质结构,并采用两种制备工艺制备了 pH 值原型传感器。测试结果表明,LAO/STO 传感器具有良好的 pH 传感器性能,为 LAO/STO 异质结构用于水中离子检测提供了证据。前面已经对器件的工艺流程做了详细介绍,这里就不再赘述,只是添加一些前面没有提到的细节,如图 6-11(a)中显示了在高角度环形暗场(HAADF-STEM)模式下通过扫描透射显微镜得到的 LAO/STO 异质结构界面原子图像。从图中可以看出,外延生长技术在原子尺度上实现了尖锐扁平的界面,这确保了在一定 LAO 层厚度下 2DEG 的形成。有文献指出,对于 LAO/STO 异质结构夹说,2DEG 形成的关键的 LAO 厚度为 4 个原子层(UCS)。因此笔者在制备 LAO/STO 异质结构时,外延制备了 5 个原子层和 7 个原子层厚度的 LAO/STO 异质结构。电阻率测试表明它们都是导通的,这说明在异质结构界面处都形成了一定浓度的 2DEG。器件的结构图如图 6-11(b)所示,两端是外接电极,中间的感测区域长为 3 mm,宽为 1.5 mm。器件采用两种制备方法,一是简单的打线法(WB),采用点焊机直接将银线电极打到 LAO 面上,由于 LAO 层很薄,只有几个原子层厚度,所以银线很容易穿透 LAO 层并与界面处的导电沟道相连,如图 6-11(c)所示。另外一种制备方法是采用微加工工艺(MFP),包括涂胶、光刻、刻蚀、金属蒸镀等步骤。两种方法制备的器件具有尺寸相同的感测区,在进行 pH 值测试时,采用微型注射器进行微量滴定。在 LAO 表面上,待测液体滴定在两个电极中间不与两边电极相接触,如图 6-11(d)所示。

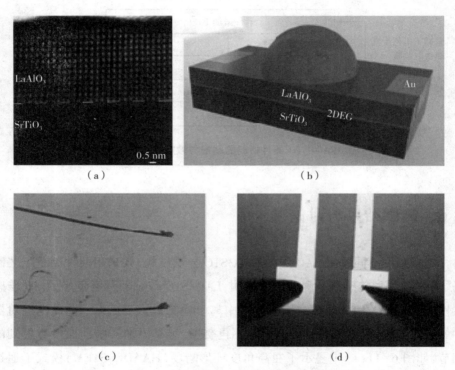

图 6-11　(a)LAO/STO 异质结构的 HAADF-STEM 图;

(b)器件结构示意图,其中 LAO 表面透明结构代表实验中的待测溶液液滴;

(c)和(d)分别打线工艺器件和微加工工艺器件

　　图 6-12 是器件在不同 pH 值溶液中的瞬态响应输出电流与时间关系曲线。待测溶液通过 NaOH 滴定来改变 pH 值。从图中可以看出,具有不同 LAO 厚度的 LAO/STO 异质结构在不同制备工艺下都表现出良好的 pH 值感测性能。在同样的源漏电压下,可以很明显地看出器件在不同 pH 值下输出电流与电流的

变化,而且随着 pH 值的增加,器件输出电流在减小。所有器件都表现出良好的即时响应,不管是在酸性范围内还是碱性范围内,这得益于器件超薄的 LAO 感测层。此外,器件在长时间工作状态下,输出电流都表现出良好的稳定性,例如每个 pH 值测试的时间为 20 s,而在 MO_x 的 pH 传感器中,由于在纳米线结构敏感材料的晶界微孔的陷阱位点捕获了 H^+,导致了严重的漂移效应,因此 MO_x 材料在实现稳定的 pH 测试中仍然是一个挑战。

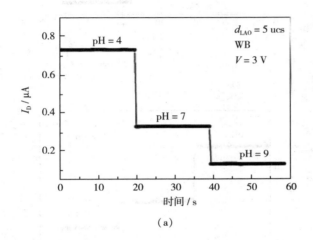

(a)

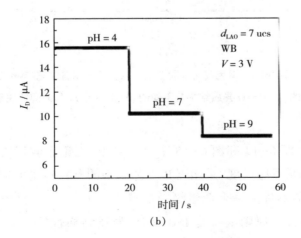

(b)

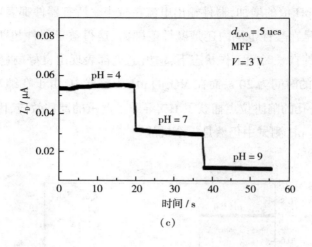

（c）

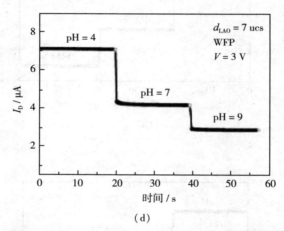

（d）

图 6-12　不同 LAO 厚度（5 ucs 和 7 ucs）以及不同制备工艺（WB、MFP）
制备的 LAO/STO 异质结构在不同的 pH 值中的 I_D 与时间的关系

　　从图 6-13、图 6-14 和图 6-15 中可以看出，无论感测层是 7 个原子层
厚度，还是 5 个原子层厚度，采用 WB 工艺制备的器件输出电流几乎比采用
MFP 工艺制备的器件大一个数量级。值得一提的是，7 个原子层厚度的器
件输出电流更大，这原则上符合 LAO/STO 异质结构性质。当厚度小于 10
个原子层厚度时，2DEG 浓度随厚度的增加而增加。

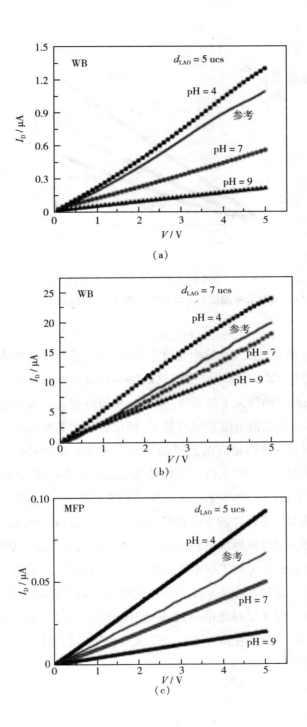

（a）

（b）

（c）

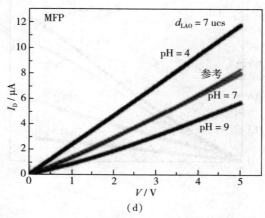

图 6-13　在不同工艺和不同感测层厚度下，
在不同 pH 值溶液中测试的 I–V 特性曲线，电压的扫描范围为 0~5 V

　　从滴定产生相关电流变化这个角度上来讲，要考虑到当感测表面没有溶液时器件的初始电流，图 6–13 中空白线就是初始电流参考线。从图中可以看出 pH = 4 的溶液的输出曲线大于参考线，而 pH = 9 的溶液器件输出电流要明显低于参考线。pH = 7 的溶液电阻率也增加了，输出特性行为类似于碱性溶液。笔者用相对电阻变化率来衡量有溶液接触时与没有溶液接触时的初始电阻的比率：$[R(\mathrm{pH}) - R(空白)]/R(空白)$，当外接电压固定为 3 V 时，如图 6–14 所示，计算结果表明，在 pH = 4 的溶液中，5 个原子层厚度的 LAO 器件电阻率下降幅度小于 7 个原子层厚度器件的下降幅度，而在 pH = 7 和 pH = 9 的溶液中，5 个原子层厚度的器件沟道电阻增加率相对较大。考虑到当 5 个原子层厚度时，沟道中 2DEG 密度要小于 7 个原子层厚度的器件，假设溶液中离子与感测表面电荷状态对于 5 个原子层厚度和 7 个原子层厚度的感测原理相同。那么，电阻率变化应该是具有 5 个原子层厚度的器件表现出较大的电阻变化率，但实际上，从图 6–14 中可以看出当溶液 pH = 4 时电流输出曲线的趋势是不寻常的，这里的原因我们稍后讨论。

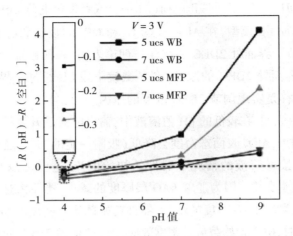

图 6-14　器件沟道电子相对变化率

　　LAO/STO 异质结构对于不同 pH 值的溶液显示出良好的电流变化。考虑到传感器对灵敏度的要求,在固定外加 5 V 电压下,不同 pH 值下器件的输出电流如图 6-15 所示,从图中可以明显地看出,所有器件的输出电流与溶液 pH 值为线性函数。通过拟合线性函数可估算出器件的灵敏度,对于 WB 工艺来说,5 个原子层厚度的器件感测灵敏度为 0.22 μA/pH,7 个原子层厚度的器件灵敏度为 1.992 μA/pH。对于 MFP 工艺来说,5 个原子层厚度的器件感测灵敏度为 0.015 μA/pH,7 个原子层厚度器件感测灵敏度为 1.215 μA/pH。拥有 7 个原子层厚度的 LAO/STO 异质结构有较大的输出电流,因此整体上 7 个原子层厚度的器件比 5 个原子层厚度的器件灵敏度要高一到两个数量级。这里值得一提的是采用 WB 工艺制备的器件,当 LAO 厚度相同时,器件的感测灵敏度要比采用 MFP 工艺制备的器件灵敏度要高。这是由于微加工工艺过程中表面损伤产生了氧空位。因为光刻,不同溶剂的多次清洗以及高温处理不可避免地也会影响器件表面状态和界面状态。

　　现在首先讨论一下该装置的 pH 值传感机理。当氧化物表面与水性溶液相接触时,H⁺ 和 OH⁻ 从水溶液中吸收氧化表面晶格的氧离子或者阳离子。结果氧化物表面被金属氢氧化物覆盖,而且这一平衡状态是可逆的。具体的响应过程如下面反应式所示:$MOH_2^+ \underset{}{\overset{H^+}{\rightleftharpoons}} MOH \overset{OH^-}{\rightleftharpoons} MO^-$,其中 M 代表氧化物表面的阳离子晶格,理论计算和实验研究表明,当 LAO 薄膜以 AlO_2 为中止面时,(001)晶向的 LAO/STO 异质结构是稳定的。这里的 M 为 Al 离子,羟基团分别在低 pH 值和高 pH 值溶液中与 H$^+$ 和 OH$^-$ 反应,形成带正电荷(AlOH$_2$)或者带负电荷(AlO)的表面。

根据 Site-binding 模型,在 AlO$_2$ 末端 H$^+$ 和 OH$^-$ 的吸收和解吸收调节了电荷转移,从而调节了界面处 2DEG 的浓度。理论表明,表面修饰(如质子化和氧空位)可以调节界面处 2DEG 的浓度,在显微镜下发现,通过在界面和 Ti-3 导带之间的电子转移是实现调节 2DEG 浓度的原因。

图 6-15 结果表明,在较低的 pH 值溶液中,输出电流是升高的,在理论上,随着 LAO 厚度的增加,AlO$_2$ 表面态密度会降低(吸附一定的 H$^+$),还有一个需要考虑的事实是在不接触溶液的情况下器件的初始电流,这样可以更好地理解图 6-15 所示的电阻率变化。因为随着 LAO 层厚度的减小,器件相对电阻率变化会增大。相比之下,随着 LAO 厚度的增加,器件初始载流子密度增加,因此 LAO 厚度为 7 个原子层时,由于初始载流子密度效应,当 pH 值为 7 和 9 时我们观察到较小的相对电阻率变化,而当溶液 pH 值为 4 时,器件则拥有相对较大的电阻变化率。

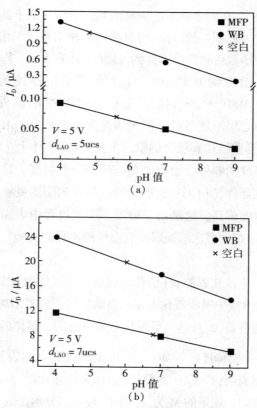

图 6-15　不同器件的 I_D 与溶液 pH 值的关系

(a)LAO 厚度为 5 个原子层;(b)LAO 的厚度为 7 个原子层

此外,如图 6-13(d)所示,具有 7 个原子层厚度的 LAO/STO 器件,当溶液 pH 值为 7 时,器件的输出电流与初始电流几乎没有改变。这意味着存在一个特殊的 pH 值,在这个 pH 值下,溶液的滴加不会改变设备的输出电流,因此笔者设这里为"无影响点(NAP)"。如图 6-15 所示,×点即器件的 NAP 点,可以通过器件的无液体接触时的初始电流获得。从图中可以看出,初始点与其他 pH 值下的输出电流成线性函数关系。对于 WB 工艺,5 个原子层厚度的器件的 NAP 点为 pH=4.81,而 MFP 工艺器件的 NAP 点为 pH=5.60。对于 7 个原子层厚度的器件,WB 工艺器件 NAP 点为 pH=6.02,MFP 工艺器件的 NAP 点为 pH=6.78。需要强调的是,对于 5 个原子层和 7 个原子层而言,NAP 差异约为 1.2,而这个差异与电极制作过程无关。图 6-16 为 WB 和 MFP 工艺制备的器件感测区形貌。在 WB 工艺中,银线直接粘接在 LAO 表面上,由于 LAO 层很薄,焊针在打银线的时候,力度可以直接穿透 LAO 层与界面处的 2DEG 相接触。与外延生长结束后的初始表面相比,WB 工艺制备的器件感测表面还保持着初始的生长结束表面,从图 6-16(a)和图 6-16(c)中可知,外延结束后的 LAO 表面非常平整,高度波动范围仅为 0~1.2 nm,均方根仅为 0.11 nm。而采用 MFP 工艺制备的器件则表现出较大的粗糙度,表面高度波动范围为 0~2.5 nm,均方根为 2.59 nm,如图 6-16(b)和图 6-16(d)所示。实验证明,MFP 工艺会损伤感测区表面并引入许多缺陷,从而降低了器件的输出电流和灵敏度。

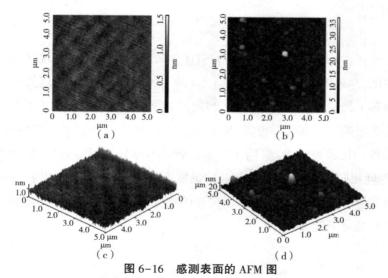

图 6-16　感测表面的 AFM 图

(a)、(c)WB 工艺器件的 2D 和 3D 图像;(b)、(d)MFP 工艺器件的 2D 和 3D 图像

空气中的水分经常被许多氧化物表面吸收,并把这种吸收称之为"water-cycle"机制,这个机制可用来解释控制传导与电源的转变。其中水自发离解的 H^+ 和 OH^- 起核心作用。尽管缺乏关于生长的 LAO/STO 异质结构表面 H^+ 和 OH^- 的实验证据,但这种机制是迄今为止最合理的。理论计算表明,H^+ 的扩散势垒远低于 OH^-,这使得感测表面在不接触溶液的情况下,在热平衡状态下吸收额外的 H^+,使 AlO_2 表面带正电荷,这可以用来解释 NAP 点对应的 pH 值。在同样工艺下,5 个原子层厚度和 7 个原子层厚度的器件对应 NAP 值是不同的。实验结果表明,低于 pH = 7 的 NAP 点存在,因此这是 LAO/STO 异质结构 AlO_3 表面带有 H^+ 的带电状态的实验证据。而 5 个原子层厚度和 7 个原子层厚度的器件 NAP 表面吸收的平衡 H^+ 浓度随着 LAO 厚度成反比关系,这似乎与理论预测的随着 LAO 厚度增加质子吸收能量减少相反,忽略了它们之间的 H^+ 相互作用及 H^+ 与 OH^- 相互作用。这种情况只有在比较低的 pH 溶液中实现,然而这一条件并不能通过水的自发离解而实现,这可能是造成上述 NAP 点不一致的原因。NAP 点向偏大 pH 值方向移动,在 MFP 工艺下制备的器件,MFP 工艺步骤会对感测表面引入缺陷,如表面氧空位,这会增加 OH^- 的吸收和 H^+ 的解析,从而导致 NAP 点向偏大的 pH 值移动。

6.7 小结

综上所述,本章首先介绍了 LAO/STO 异质结构传感器研究现状和其相关的探测原理,并采用具有不同厚度的 LAO 的 LAO/STO 异质结构以及不同的制备工艺制备了相关的 pH 传感器件。与此同时分析了两种加工工艺对器件性能和灵敏度的影响。测试结果表明,MFP 工艺会给感测表面带来一定的损伤,从而影响器件的传输灵敏度,采用 WB 工艺制备的器件,工艺简单,无表面损伤,在 LAO 厚度相同情况下,表现出较高的灵敏度。LAO/STO 异质结构 pH 传感器得益于其超薄的感测层,器件显示出快速的响应能力,且在不同的 pH 溶液中都显示出很好的灵敏度。

参考文献

[1] LITTA E D, HELLSTROEM P E, HENKEL C, et al. Electrical characterization of thulium silicate interfacial layers for integration in high-k/metal gate CMOS technology[J]. Solid-State Electronics, 2014, 98:20-25.

[2] KOH D, KWON H M, KIM T W, et al. $L_g = 100$ nm $In_{0.7}Ga_{0.3}As$ quantum well metal – oxide semiconductor field – effect transistors with atomic layer deposited beryllium oxide as interfacial layer[J]. Applied Physics Letters, 2014, 104(16):163-470.

[3] ZHANG Y H, CHENG X, WANG Q. The synthesis of cadmium sulfide and cadmium selenide nanostructures[J]. Applied Mechanics & Materials, 2013, 10:423-426, 467.

[4] ALIM M A, REZAZADEH A A. Uniformity investigation of pHEMTs small-signal parameters for pre and post multilayer fabrication in 3D MMICs[J]. Semiconductor science and technology, 2020, 35(1):015013.

[5] OHKI T, KIKKAWA T, INOUE Y, et al. Reliability of GaN HEMT: current status and future technology[M]. IEEE, New York, 2009.

[6] WU S Y. Low temperature phase separation in nanowires [M]. In Tech. , 2010.

[7] AVRAM N M, CHERNYSHEV V A, ANDREICI E L, et al. Phonon spectra of eulytite crystals $Bi_4M_3O_{12}$ (M = Ge, Si): ab initio study [J]. Optical Materials, 2016, 61:30-36.

[8] SHINOHARA K, REGAN D C, TANG Y, et al. Scaling of GaN HEMTs and Schottky diodes for submillimeter – wave mmic applications [J]. IEEE

Transactions on Electron Devices, 2013, 60(10):2982-2996.

[9] NIE H, DIDUCK Q, ALVARE Z B, et al. 1.5-kV and 2.2-m Ω-cm^2 vertical GaN transistors on Bulk-GaN substrates[J]. IEEE Electron Device Lett, 2014, 12(35): 939-941.

[10] KÖCK H, CHAPIN C A, OSTERMAIER C, et al. Emerging GaN-based HEMT for mechanical sensing within harsh environments[J]. Sensors for Extreme Harsh Environments, 2014, 21(20):11-19.

[11] WANG R H, LI G W, VERMA J, et al. 220-GHz quaternary barrier InAlGaN/AlN/GaN HEMTs[J]. IEEE Electron Device Lett, 2011, 12(23): 1215-1217.

[12] CHU R M, CORRION A, CHEN M, et al. 1200-V normally off GaN-on-Si field-effect transistors with low dynamic on-resistance[J]. IEEE Electron Device Lett, 2011, 13(32): 632-634.

[13] ZHANG L, WANG L L, XIAO H L, et al. AlGaN/GaN/InGaN/GaN DH-HEMTs with GaN channel layer grown at high temperature[J]. European Physical Journal Applied Physics, 2013, 10:1051.

[14] HASHIZUME T, KOTANI J, HASEGAWA H. Control of metal semiconductor and insulator-semiconductor interfaces in nitride electron devices[J]. Ieice Technical Report Reliability, 2004, 104:21-26.

[15] SALOMON S, EYMERY J, PAULIAC-VAUJOUR E. GaN wire-based Langmuir-Blodgett films for self-powered flexible strain sensors[J]. Nanotechnology, 2014, 25(37):195-295.

[16] LEE H H, BAE M, JO S H, et al. Differential-mode HEMT-based biosensor for real-time and label-free detection of C-reactive protein[J]. Sens. Actuator B-Chem, 2016, 25(234):316-323.

[17] JIA X L, HUANG X Y, TANG Y, et al. Ultrasensitive detection of phosphate using ion-imprinted polymer functionalized alinn/gan high electron mobility transistors[J]. IEEE Electron Device Lett, 2016, 15(37): 913-915.

[18] ABIDIN M S Z, HASHIM A M, SHARIFABAD M E, et al. Open-gated pH sensor fabricated on an undoped-AlGaN/GaN HEMT structure[J]. Sensors,

2011, 45(11):30-67.

[19] PEARTON S J, KANG B S, KIM S K, et al. GaN-based diodes and transistors for chemical, gas, biological and pressure sensing[J]. J. Phys. Condes. Matter, 2004, 34(16):961-994.

[20] STEINHOFF G, HERMANN M, SCHAFF WJ, et al. pH response of GaN surfaces and its application for pH-sensitive field-effect transistors[J]. Applied Physics Letters, 2003, 24(83):177-179.

[21] AMBACHER O, SMART J, SHEALY J R, et al. Two-dimensional electron gases induced by spontaneous and piezoelectric polarization charges in N-and Ga-face AlGaN/GaN heterostructures[J]. Journal of Applied Physics, 1999, 45(12):3222-3233.

[22] RIDLEY B K, AMBACHER O, LESTER F E, et al. The polarization-induced electron gas in a heterostructure[J]. Semicond. Sci. Technol, 2000, 12(23):270-275.

[23] SMORCHKOVA I P, CHEN L, MATES T, et al. AlN/GaN and (Al, Ga)N/AlN/GaN two-dimensional electron gas structures grown by plasma-assisted molecular-beam epitaxy[J]. Journal of Applied Physics, 2001, 2(90): 5196-5201.

[24] BOLOGNESI C. Gallium Nitride (GaN) HEMT[M]. Millimeter-Wave Electronics Laboratory, 2017.

[25] MONEMAR B, POZINA G. Group III-nitride based hetero and quantum structures[J]. Progress in Quantum Electronics, 2000, 24:239-290.

[26] WU F, GAO K H, LI Z Q, et al. Effects of GaN interlayer on the transport properties of lattice-matched AlInN/AlN/GaN heterostructures[J]. Journal of Applied Physics, 2015, 117:155-161.

[27] GONSCHOREK M, CARLIN J F, FELTIN E, et al. High electron mobility lattice-matched AlInN/GaN field-effect transistor heterostructures[J]. Applied Physics Letters, 2006, 89:62-76.

[28] KUZMÍK J. InAlN/(In)GaN high electron mobility transistors: some aspects of the quantum well heterostructure proposal[J]. Semicond. Sci. Technol,

2002, 17:540-551.

[29] AGGERSTAM S L T, RADAMSON H H, SJODIN M, et al. Inverstigation of the interface properties of MOVPE grown AlGaN/GaN high electron mobility transistor(HEMT) structures on sapphire[J]. Thin Solid Films, 2006, 32 (515):705-707.

[30] 沈波, 唐宁, 杨学林, 等. GaN 基半导体异质结构的外延生长、物性研究和器件应用[J]. 物理学进展, 2017, 37(3):81-97.

[31] WEBB J B, TANG H, ROLFE S, et al. Semi-insulating C-doped GaN and high-mobility AlGaN/GaN heterostructures grown by ammonia molecular beam epitaxy[J]. Applied Physics Letters, 1999, 5(75):953-955.

[32] XU F J, XU J, SHEN B, et al. Realization of high-resistance GaN by controlling the annealing pressure of the nucleation layer in metal-organic chemical vapor deposition[J]. Thin Solid Films, 2008, 56(517):588-591.

[33] LORENZ K, GONSALVES M. Comparative study of GaN and AlN nucleation layers and their role in growth of GaN on sapphire by metalorganic chemical vapor deposition[J]. Applied Physics Letters, 2000, 4(77):3391-3393.

[34] HSU L, WALUKIEWICZ W. Effect of polarization fields on transport properties in AlGaN/GaN heterostructures[J]. Journal of Applied Physics, 2001, 2(89):1783-1789.

[35] LEE K H, CHANG S J. AlGaN/GaN heterostructure field-effect transistor with semi-insulating Mg-doped GaN cap layer[J]. ECS Solid State Letters, 2012, 33(15):14-16.

[36] QIAN Y, DU Z W, ZHU R Z, et al. Atomically thin mononitrides SiN and GeN: new two-dimensional wide band gap semiconductors[J]. Epl, 2018, 122(4):47002.

[37] SCHUETTE M L, KETTERSON A, SONG B, et al. Gate-recessed integrated E/D GaN HEMT technology with f(T)/f(max) > 300 GHz[J]. IEEE Electron Device Lett, 2013, 6(34):741-743.

[38] YUE Y Z, HU Z Y, GUO J, et al. InAlN/AlN/GaN HEMT with regrown Ohmic Contacts and f(T) of 370 GHz[J]. IEEE Electron Device Lett, 2012,

7(33): 988-990.

[39] 张金凤, 薛军帅, 郝跃, 等. 高电子迁移率晶格匹配 InAlN/GaN [J]. 材料研究物理学报, 2011, 6(11):611-616.

[40] GAQUIERE C, MEDJDOUB F, CARLIN J F, et al. AlInN/GaN a suitable HEMT device for extremely high power high frequency applications [J]. IEEE/MTT – S International Microwave Symposium, 2007, 12 (13): 2145-2148.

[41] MEDJDOUB F, CARLIN J F, GONSCHOREK M, et al. Can InAlN/GaN be an alternative to high power / high temperature AlGaN/GaN devices [J]. IEDM Tech. Dig, 2006, 14(21):927-935.

[42] GADANECZ A, BLÄSING J, DADGAR A, et al. Thermal stability of metal organic vapor phase epitaxy grown AlInN[J]. Applied Physics Letters, 2007, 15(90):221-230.

[43] XUE J S, HAO Y, ZHANG J C, et al. Nearly lattice-matched InAlN/GaN high electron mobility transistors grown on SiC substrate by pulsed metal organic chemical vapor deposition[J]. Applied Physics Letters, 2011, 23 (98): 113504-113501.

[44] PALACIOS T, CHAKRABORTY A, HEIKMAN S, et al. AlGaN/GaN high electron mobility transistors with InGaN back-barriers[J]. IEEE Electron Device Lett, 2006, 27(26):13-15.

[45] JIE L, YUGANG Z, JIA Z, et al. AlGaN/GaN/InGaN/GaN DH-HEMT with an InGaN notch for enhanced carrier confinement[J]. IEEE Electron Device Lett, 2006, 45(27):10-12.

[46] DOWNEY B P, MEYER D J, BASS R, et al. Thermally reflowed ZEP 520A for gate length reduction and profile rounding in T – gate fabrication [J]. Journal of Vacuum Science & Technology B, 2012, 36(30):51-60.

[47] DRIVE P H. TCAD Silvaco ATLAS user's manual Silvaco, Inc[J]. Oct 2014, 48(13):79-343.

[48] ADAK S, SARKAR A, SWAIN S, et al. High performance AlInN/AlN/GaN p – GaN back barrier Gate – Recessed Enhancement – Mode HEMT [J].

Superlattices Microstruct, 2014, 56(75):347-357.

[49] GRIMM G V. Nicolas Tournier Les deux fumeurs[M]. Eine faszinierende Bildquelle zum frühen Tabaksgenuss, 2021.

[50] LIU J, ZHOU Y G, ZHU J, et al. AlGaN/GaN/InGaN/GaN DH-HEMT with an InGaN notch for enhanced carrier confinement[J]. IEEE Electron Device Lett, 2006, 67(27):10-12.

[51] LEE D S, GAO X, GUO S P, et al. InAlN/GaN HEMT with AlGaN back barriers[J]. IEEE Electron Device Lett, 2011, 6(32):617-619.

[52] 周建军, 孔岑, 张凯, 等. 增强型 GaN 功率器件及集成技术[J]. 电力电子技术, 2017(08):58-60.

[53] 谢圣银. 增强型 GaN 高电子迁移率晶体管的研究[D]. 成都:电子科技大学, 2011.

[54] SAIDI I, MEJRI H, BAIRA M, et al. Electronic and transport properties of AlInN/AlN/GaN high electron mobility transistors [J]. Superlattices Microstruct, 2015, 8(84):113-125.

[55] HAGHSHENAS A, FATHIPOUR M, MOJAB A. Dependence of self-heating effect on passivation layer in AlGaN/GaN HEMT devices[J]. International Semiconductor Device Research Symposium, 2011, 56(3):7-9.

[56] CHEN S H, CHOU P C, CHENG S. Channel temperature measurement in hermetic packaged GaN HEMT power switch using fast static and transient thermal methods[J]. J. Therm. Anal. Calorim, 2017, 65(129):1159-1168.

[57] ZHOU X Y, FENG Z H, WANG Y G, et al. Transient simulation and analysis of current collapse due to trapping effects in AlGaN/GaN high-electron-mobility transistor[J]. Chin. Phys. B, 2015, 78(24):5-12.

[58] ZHANG Y M, FENG S W, ZHU H, et al. Self-heating and traps effects on the drain transient response of AlGaN/GaN HEMT [J]. Journal of Semiconductors, 2014, 67(35):104-113.

[59] TIRADO J M, SANCHEZ-ROJAS J L, IZPURA J I. Trapping effects in the transient response of AlGaN/GaN HEMT devices[J]. Ieee Transactions on

Electron Devices, 2007, 56(54):410-417.

[60] SEO J H, JO Y W, YOON Y J S, et al. Al(In)N/GaN fin-type HEMT with very-low leakage current and enhanced I-V characteristic for Switching Applications[J]. IEEE Electron Device Lett., 2016, 67(37):855-858.

[61] OSTERMAIER C, POZZOVIVO G, CARLIN J F, et al. Ultrathin InAlN/AlN barrier HEMT with high performance in normally off operation[J]. IEEE Electron Device Lett., 2009, 34(30):1030-1032.

[62] MAROLDT S, HAUPT C, PLETSCHEN W M, et al. Gate-Recessed AlGaN/GaN Based Enhancement-Mode High Electron Mobility Transistors for High Frequency Operation[J]. Jpn. J. Appl. Phys., 2009, 56(48):1383-1385.

[63] HEINZ D, HUBER F, SPIESS M, et al. GaInN quantum wells as optochemical transducers for chemical sensors and biosensors[J]. IEEE J. Sel. Top. Quantum Electron., 2017, 6(23):9-18.

[64] ESPINOSA N, SCHWARZ S U, CIMALLA V, et al. Detection of different target-DNA concentrations with highly sensitive AlGaN/GaN high electron mobility transistors[J]. Sens. Actuator B-Chem., 2015, 8(210):633-639.

[65] ROBERT K. The characterisation and surface electrochemistry of a corrosion product[J]. Chemistry and Biochemistry, University of Liverpool, 1988.

[66] CARAS S, JANATA J. Field effect transistor sensitive to penicillin[J]. Analytical Chemistry, 1980, 9(52):1935-1937.

[67] LIONEL M. Macroscopic thermodynamics of interfaces at water pore scales: effects on water-rock interactions and mass transfer-scienceDirect[J]. Procedia Earth and Planetary Science, 2013, 7(1):586-589.

[68] ANVARI R, MYERS M, UMANA-MEMBRENO G A, et al. Charging mechanism of AlGaN/GaN open-gate pH sensor and electrolyte interface[J]. Conference on Optoelectronic and Microelectronic Materials & Devices, 2014, 6(45):156-159.

[69] YATES D E, LEVINE S, HEALY T W. Site-binding model of the electrical

double layer at the oxide/water interface, Journal of the Chemical Society [J]. Faraday Transactions 1: Physical Chemistry in Condensed Phases, 1974, 34(70):1807-1818.

[70] CHANIOTAKIS N A, ALIFRAGIS Y, KONSTANTINIDIS G, et al. Gallium nitride-based potentiometric anion sensor[J]. Analytical Chemistry, 2004, 67(76):5552-5556.

[71] ALIFRAGIS Y, GEORGAKILAS A, KONSTANTINIDIS G, et al. Response to anions of AlGaN/GaN high - electron - mobility transistors[J]. Applied Physics Letters, 2005, 5(87):253507.

[72] KANG B S, REN F, KANG M C, et al. Detection of halide ions with AlGaN/GaN high electron mobility transistors[J]. Applied Physics Letters[J], 2005, 8(86):173-182.

[73] KANG B S, WANG H T, REN F, et al. pH sensor using AlGaN/GaN high electron mobility transistors with Sc_2O_3 in the gate region[J]. Applied Physics Letters[J], 2007, 9(91):3-12.

[74] LAU K T, SHEPHERD R, DIAMOND D, et al. Solid state pH sensor based on light emitting diodes(LED) as detector platform[J]. Sensors, 2006, 9(6):848-859.

[75] BINARI S C, DIETRICH H B, KELNER G, et al. and N implant isolation of n-type GaN[J]. Journal of Applied Physics, 1995, 7(78):3008-3011.

[76] 杨端良, 陈堂胜, 吴禄训. GaAs 的 B 注入隔离[J]. 固体电子学研究进展, 1991, 11(2)56-62.

[77] GAUBAS E, CEPONIS T, KUOKSTIS E, et al. Study of charge carrier transport in GaN sensors[J]. Materials, 2016, 32(9):14-21.

[78] HUANG X C, LIU Z Y, LEE F C, et al. Characterization and enhancement of high-voltage cascodeGaN devices, electron devices[J]. IEEE Transactions on, 2015, 10(62):270-277.

[79] JUNG D Y, PARK Y, LEE H S, et al. Design and evaluation of cascode GaN FET for switching power conversion systems[J]. Etri Journal, 2017, 39(1):62-68.

［80］ KIM D H, DEL ALAMO J A. 30 nm E－mode InAs PHEMT for THz and future logic applications［J］. Ieee, 2008, 34(57): 889-897.

［81］ ANDERSON T, REN F, PEARTON S, et al. Advances in hydrogen, carbon dioxide, and hydrocarbon gas sensor technology using GaN and ZnO－based devices［J］. Sensors, 2009, 9(76):46-55.

［82］ LIU H Y, HSU W C, CHEN W F, et al. Investigation of AlGaN/GaN ion－sensitive heterostructure field－effect transistorsBased ㏗ Sensors with Al_2O_3 surface passivation and sensing membrane［J］. IEEE Sens, 2016, 16 (78): 3514-3522.

［83］ SWAIN S K, ADAK S, PATI S K, et al. impact of InGaN back barrier layer on performance of AlInN/AlN/GaN MOS － HEMT ［J］. Superlattices Microstruct, 2016, 97(35):258-267.

［84］ SULTANA M, MUHTADI S, LACHAB M, et al. Large periphery AlInN/AlN/GaN metal－oxide－semiconductor heterostructure field－effect transistors on sapphire substrate［J］. Semicond. Sci. Technol, 2014, 29(89):6-15.

［85］ SANSALVADOR I, FAY C D, CLEARY J, et al. Autonomous reagent－based microfluidic pH sensor platform［J］. Sens. Actuator B－Chem, 2016, 76 (225):369-376.

［86］ ZHAN X M, WANG Q. Highly sensitive detection of deoxyribonucleic acid hybridization using au－gated AlInN/GaN high electron mobility transistor－based sensors［J］. Chin. Phys. Lett, 2017, 34 (90):47301.

［87］ MORKOÇ H, CINGOLANI R, GIL B. Polarization effects in nitride semiconductor device structures and performance of modulation doped field effect transistors［J］. Solid－State Electronics, 1999, 78(43):1909-1927.

［88］ GHOSH S, KUMAR R, BAG A, et al. Highly sensitive acetone sensor based on Pd/AlGaN/GaN resistive device grown by plasma－assisted molecular beam epitaxy ［J］. Ieee Transactions on Electron Devices, 2017, 64 (56): 4650-4656.

［89］ YAO J N, LIN Y C, WONG Y C, et al. Communication-potential of the π－gate inas hemts for high－speed and low－power logic applications［J］. ECS

Journal of Solid State Science and Technology, 2019, 8(6):319-321.

[90] HASAN M R, MOTAYED A, FAHAD MS, et al. Fabrication and comparative study of DC and low frequency noise characterization of GaN/AlGaN based MOS-HEMT and HEMT[J]. Journal of Vacuum Science & Technology B, 2017, 35(52):7-16.

[91] ASADNIA M, MYERS M, AKHAVAN N D, et al. Mercury(II)selective sensors based on AlGaN/GaN transistors[J]. Anal. Chim. Acta, 2016, 9 (943):1-7.

[92] FANDRICH M, MEHRTENS T, ASCHENBRENNER T, et al. Nitride based heterostructures with Ga-and N-polarity for sensing applications[J]. J. Cryst. Growth, 2013, 21(370):68-73.

[93] DAS A, CHANG L B, LAI C S, et al. GaN thin film based light addressable potentiometric sensor for pH sensing application[J]. Appl. Phys. Express, 2013, 67(6):3-10.

[94] BRAZZINI T, BENGOECHEA-ENCABO A, SANCHEZ-GARCIA M A, et al. Investigation of AlInN barrier ISFET structures with GaN capping for pH detection[J]. Sens. Actuator B-Chem, 2013, 12(176):704-707.

[95] HIGASHIWAKI M, CHOWDHURY S, SWENSON B L, et al. Effects of oxidation on surface chemical states and barrier height of AlGaN/GaN heterostructures[J]. Applied Physics Letters, 2010, 41(97):6-16.

[96] WENG W Y, CHANG S J, HSUEH T J, et al. AlInN resistive ammonia gas sensors[J]. Sens. Actuator B-Chem, 2009, 140(46):139-142.

[97] KUMAR M, KUMAR R, RAJAMANI S, et al. Efficient room temperature hydrogen sensor based on UV-activated ZnO nano-network[J]. Nanotechnology, 2017, 45(28):8-17.

[98] JI H F, LIU W K, LI S, et al. High-performance methanol sensor based on GaN nanostructures grown on silicon nanoporous pillar array[J]. Sens. Actuator B-Chem, 2017, 13(250):518-524.

[99] POSSECKARDT J, SCHIRMER C, Kick A, et al. Monitoring of Saccharomyces cerevisiae viability by non-Faradaic impedance spectroscopy

using interdigitated screen-printed platinum electrodes[J]. Sens. Actuator B-Chem[J], 2018, 56(255):3417-3424.

[100]ZENG R X, ZHANG J K, SUN C L, et al. A reference-less semiconductor ion sensor[J]. Sens. Actuator B-Chem[J], 2018(254):102-109.

[101]SHUR M S. Physics of Semiconductor Devices [J]. Prentice - Hall, Englewood Cliffs, 1990, 54(287):203-210.

[102]MENEGHINI M, BISI D, MARCON D, et al. Trapping and reliability assessment in D-mode GaN-based MIS-HEMTs for power applications[J]. IEEE Transactions on Power Electronics, 2014, 29(5):2199-2207.

[103]HO S Y, LEE C H, ZOU J T, et al. Suppressi on of current collapse in enhancement mode GaN-based HEMT using an AlGaN/GaN/AlGaN double Heterostructure[J]. Ieee Transactions on Electron Devices, 2017, 64(234): 1505-1510.

[104]GONSCHOREK M, CARLIN J F, FELTIN E, et al. Self heating in AlInN/ AlN/GaN high power devices: Origin and impact on contact breakdown and IV characteristics[J]. Journal of Applied Physics. 2011, 67(109):8-13.

[105]ZHANG Y H, DADGAR A, PALACIOS T. Gallium nitride vertical power devices on foreign substrates: a review and outlook[J]. J. Phys. D-Appl. Phys, 2018, 51(27):1361-6463.

[106]ABRAMIAN L, EL-RASSY H. Adsorption kinetics and thermodynamics of azo-dye Orange II onto highly porous titania aerogel-ScienceDirect [J]. Chemical Engineering Journal, 2009, 150(2-3):403-410.

[107]LIU B Y, YAO Z, ZHOU Z, et al. Kinetics and thermodynamics of the adsorption of copper(II) onto chelating resin[J]. The Chinese Journal of Process Engineering, 2009, 9(5):865-870.

[108]JUNIOR A B B, ANDRÉ VICENTE, ESPINOSA D C R , et al. Effect of iron oxidation state for copper recovery from nickel laterite leach solution using chelating resin [J]. Separation Science and Technology, 2019, 55 (4): 788-798.

[109]BERGESE P, OLIVIERO G, ALESSANDRI I, et al. Thermodynamics of

mechanical transduction of surface confined receptor/ligand reactions - ScienceDirect[J]. Journal of Colloid & Interface Science, 2007, 316(2): 1017-1022.

[110]WOODBRIDGE C M, FRECH C B. Book review of surface science: foundations of catalysis and nanoscience, second edition [J]. Journal of Chemical Education, 2010, 87(3):272-274.

[111]GREEN B M, CHU K K, CHUMBES E M, et al. The effect of surface passivation on the microwave characteristics of undoped AlGaN/GaN HEMT [J]. Electron Device Letters, IEEE, 2000, 21(6):268-270.

[112]LIU J. Book review of nanoparticles: from theory to application, second, completely revised and updated edition[J]. Journal of the American Chemical Society, 2011, 133(40): 16318.

[113]BIBOLLET H, KRAMER A, BANNISTER R A, et al. Advances in Ca(V) 1. 1 gating: New insights into permeation and voltage-sensing mechanisms [J]. Channels, 2023, 1(17):15-26.

[114]SOMORJAI G A. The development of molecular surface science and the surface science of catalysis: the berkeley contribution [J]. The journal of physical chemistry, B. Condensed matter, materials, surfaces, interfaces & biophysical, 2000(14):104.

[115]MARICHEV V A. Comment on 'A note on surface stress and surface tension and their interrelation via Shuttle worth's equation and the Lippmann equation' by D. Kramer and J. Weissmueller[J]. Surface Science, 2008, 602(5): 1131-1132.

[116]WINFIELD C. A study of the lippmann-schwinger equation and spectra for some unbounded quantum potentials [J]. Rocky Mountain Journal of Mathematics, 2005, 35(4): 1381-1406.

[117]DONG Y, WANG R, XIE Z, et al. Enhanced stability and sensitivity of AlGaN/GaN-HEMTs pH sensor by reference device [J]. IEEE Sensors Journal, 2020, 99: 3047204.

[118]ZHU M J, NING Y, MENG X K, et al. Interfacial eg orbital reconstruction:

modulation of metal−Insulator transitions of ultrathin $NdNiO_3$ films by two−dimensional electronic gas[J]. Physica, B. Condensed Matter, 2021, 612 (1):55−58.

[119]LI C, WANG H, LIU H, et al. Structural and strain anisotropies of N−polar GaN epilayers on offcut sapphire substrates[J]. Journal of Vacuum Science & Technology A Vacuum Surfaces & Films, 2016, 34(5):51501.

[120]YADDANAPUDI K, SAHA S, MURALEEDHARAN K, et al. N−polar GaN evolution on nominally on−axis c−plane sapphire by MOCVD−I: Growth[J]. Materials Science and Engineering B − Advanced Functional Solid − State Materials, 2022, 286(245):67−75.

[121]FALINA S. Ten years progress of electrical detection of heavy metal ions (HMIs) using various field−effect transistor (FET) nanosensors: a Review [J]. Biosensors−Basel, 2021, 11(12):13−24.

[122]FURQAN C M. Humidity sensor based on gallium nitride for real time monitoring applications[J]. Scientific reports, 2021, 1(11):11088.

[123]STEINHOFF G, HERMANN M, SCHAFF W J, et al. pH response of GaN surfaces and its application for pH − sensitive field − effect transistors [J]. Applied Physics Letters, 2003, 1(83):177−179.

[125]郝跃, 张金风, 张进成. 氮化物宽禁带半导体材料与电子器件[M]. 北京: 科学出版社, 2014.

[126]LI P, XIONG T, SUN S, et al. Self−assembly and growth mechanism of N−polar knotted GaN nanowires on c−plane sapphire substrate by Au−assisted chemical vapor deposition[J]. Journal of Alloys and Compounds, 2020, 11 (825):154−160.

[127]SI Z. Growth behavior and stress distribution of bulk GaN grown by Na−flux with HVPE GaN seed under near−thermodynamic equilibrium[J]. Applied Surface Science, 2022, 32(578):152−173.